KB131503

사유의 건축

사유의 건축

지은이 최동규
펴낸이 임상진
펴낸곳 (주)넥서스

초판 1쇄 발행 2020년 11월 20일
초판 2쇄 발행 2020년 11월 25일

출판신고 1992년 4월 3일 제311-2002-2호
10880 경기도 파주시 지목로 5 (신촌동)
Tel (02)330-5500 Fax (02)330-5555

ISBN 979-11-90927-70-3 03540

www.nexusbook.com

사유의 건축

건축으로 사람과 삶을 보다

최동규 지음

넥서스BOOKS

저자의 말

그동안 나는 건축가로서 건축 작업에 관한 기록을 남기는 데는 적극적이었으나, 자전적인 이야기는 될 수 있으면 하지 않았다. 그러나 〈월간목회〉 박철홍 편집장 제안으로 단행본 출간을 고민하게 되었다. 그러다 이 책이 세상에 나와야 하는 이유, 그것이 내 마음을 움직였다. 나는 사람들이 이 책을 읽고 건축에 대한 이해를 조금이라도 넓힐 수 있다면 더는 바랄 게 없었다. 그렇게 다소 떠밀려 시작한 일이지만 곧 애착을 갖게 되었다.

신기하게도 결심을 하고 나자 이 일이 운명이라는 듯 좋은 사람들이 다가왔다. 마침 〈월간목회〉에서 오래 일한 오현정 작가가 프리랜서로 독립하면서 본 책의 집필을 도와주었다. 오 작가는 나와의 긴 인터뷰를 보기 좋은 형태로 정리해 준 것은 물론, 건축가의 영역을 더 깊이 이해하기 위해 나와 같이 서인에서 설계한 몇몇 건물을 방문하는 노력도 보였다. 또한 '전국건축사대회' 일정에도 빠짐없이 참여했다. 그 덕분에 나의 말과 의도가 더 잘 전해지지 않았나 싶다. 생각해보니 책을 만드는 일도 건축 설계의 과정과 하나도 다르지 않다는 생각이 든다. 여러 명의 협력과 도움이 없이는 불가능하니 말이다. 박철홍 편집장과 오현정 작가를 비롯해 이 책의 출간을 위해 애써준 넥서스 편집부에도 이 지면을 빌려 감사의 말씀을 전한다. 또한 42년간 안팎으로 도와준 아내 김명숙 님에게도 깊은 감사와 애정의 마음을 보낸다.

마지막으로 독자 여러분에게.

보잘것없는 이 책을 통해서, 건축이라는 넓은 바다의 일부라도 이해하실 수 있기를 바란다. 나아가 어떤 공간에서 살 것인지, 또 어떤 삶을 살 것인지도 고민해 보는 기회가 되셨으면 좋겠다.

_서인건축 최동규 대표

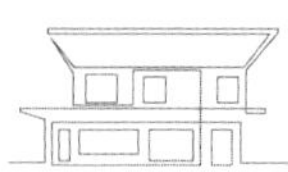

차례

008 저자의 말

| 1장 | 공간의 구속과 해방

015 건축의 맛, 그 짜릿함 _ 모새골성서연구소

017 반짝반짝, 다이아몬드 반지 같은 _ 서인건축 사옥

037 사옥이 쏘아올린 작은 공 _ 예수소망교회

046 | 건축가의 사유 | 창의성의 즐거움

| 2장 | 사랑의 건축

051 세계로 나아가다 _ 새문안교회

069 부모의 마음으로 짓다 _ 의정부영아원 및 경기북부 아동일시보호소

079 첫사랑을 향한 오마주 _ 소망교회

094 | 건축가의 사유 | 건축가의 세계관

| 3장 | 사유의 건축

099 생각을 짓다 _ 서울장신대학교 종합관

111 빛, 그리고 소통 _ 더사랑의교회

123 번쩍! 들어 올리다 _ 녹산교회

129 한 잔의 따뜻한 커피 같은 _ **약수교회**

135 건축, 그 빛나는 수정체(修整體) _ **일산한소망교회**

146 **| 건축가의 사유 |** 알바 알토, 나의 스티그마

| 4장 | 건축이 쓰는 잇스토리

151 나의 잇스토리 _ **신촌성결교회**

161 건축에도 복고가? _ **만리현교회**

171 침대는 가구가 아니듯 _ **양평복지교회**

177 리모델링의 매력 _ **성호교회**

183 한 아름의 경치 _ **차경제(평창동 주택)**

191 일치의 강력함 _ **시퀀스(아천동 주택)**

200 **| 건축가의 사유 |** 용(用) · 체(體) · 미(美)

| 5장 | 도시의 아름다움을 위하여

205 욕망의 도시에 서서 _ **렉스타워**

217 잘 제출한 숙제 하나 _ **청천교회**

229 의미를 심다 _ **서울재활병원 주차장**

235 서울, 서울, 서울! _ **STAY B(충무로 호텔)**

246 **| 건축가의 사유 |** 사유의 프리즘

1장

공간의 구속과 해방

문 하나. 그것이 철창처럼 현대인을 구속한다. 현대인은 매일 영화 〈쇼생크 탈출〉의 주인공이 되는 셈이다. 우리가 끊임없이 자유를 갈구하는 까닭이 여기에 있는지도 모르겠다.

_〈사옥이 쏘아올린 작은 공〉 중에서

건축의 맛, 그 짜릿함

모새골성서연구소

대지 위치 경기도 양평군 강상면 송학리 929-1
대지 면적 2,309m² **용도** 교육 연구 및 복지 시설
연면적 796.57m² **규모** 지상 2층 **설계** 2004년 **준공** 2005년
수상 2005 한국건축문화대상 특선

아담한 시골길을 따라 달리다 보면 하늘로 쭉 뻗은 나무들이 벽을 이루는 주차장에 닿는다. 고요하고 청명한, 그리고 신비함이 깃든 숲속의 공간은 차에서 내려 땅에 발을 딛는 순간 탁한 현실을 잊게 한다. 마치 '이상한 나라의 앨리스'에 나오는 새로운 세계로 진입하는 것 같다고나 할까. 뺨에 닿는 바람, 코끝에서 시작해서 폐포까지 닿는 공기의 결도 도시의 그것과는 사뭇 다르다. 완벽하게 현실로부터 차단된 것 같은 느낌을 주는 곳, 바로 '모새골성서연구소(이하 모새골)'다.

'내가 지은 것 중 규모는 작지만 마음에 드는 건물'

내 마음에 써 놓은 모새골에 대한 평가다. 내가 생각하는 좋은 건물의 조건은 '용(用), 체(體), 미(美)[1]의 충족'과 '한 번쯤 들어가 보고 싶게 만드는 건축'인데 모새골은 비교적 이 요건들을 갖춘 곳이다. 포털 사이트에서 모새골을 검색하면 프러포즈를 하기 좋은 장소 중 하나로 꼽히고 있어 뿌듯해했던 기억도 있다.

사람들이 생각하는 프러포즈의 장소는 대개 독특하거나 아름답거나 분위기가 좋은 곳이다. 새로운 인생의 시작을 결심하고 결단하는 장소이니만큼 낭만적이면서도 신성한 분위기라면 더 좋을 것이다. 모새골이 그런 공간으로 자리매김해 가고 있다는 것은 기쁜 일이다. 남다른 분위기를 자아내는 건축물이라는 사실은 물론이거니와 그것이 젊은 사람들의 감성에도 부합하고 있다는 것을 증명하는 결과이기 때문이다. 무엇보다 이곳에서 프러포즈를 하고 결혼을 한 부부에게 잊히지 않을 장소가 될 것을 생각하면 그 의미는 더욱 크게 다가온다. 내가 지은 건물이 누군가의 삶에서 의미 있는 장소, 또 잊을 수 없는 추억이 된다는 사실은 건축가의 큰 보람이다.

---

1 p.200 참고.

무엇보다 모새골의 경우에는 건축주의 정서를 풍부하게 했다는 사실이 나를 더 뿌듯하게 한다. 달이 연못에 반사되어 벽에 투영되는 것을 보고 그 아름다움에 놀랐다는 건축주의 전언. 건물을 거닐며 자연과 유기적으로 연결된 건축의 아름다움을 느꼈다는 건축주의 말은 그 어떤 아름다운 장면을 목격했을 때보다 더한 감동이었다. 자연과 더불어 사람과도 어울리는 건축. 자연을 더 아름답게, 사람을 더 풍요롭게 만드는 건축. 그것이 나의 사유와 나의 손끝을 통해 시작되었다고 생각하면 더없이 짜릿해진다.

맛있는 건축

요즘은 소위 '먹방'이 인기다. 먹을 것이 넘쳐나는 시대, 그러나 그것을 다 먹을 수는 없기에 누군가가 먹는 것을 보고 대리만족을 느끼는 이상한 시대가 열린 것 같다.

일본도 사정이 비슷한지 주인공이 무언가를 먹는 장면이 내용의 반 이상을 차지하는 〈고독한 미식가〉라는 드라마가 인기를 끌었다. 이 드라마는 시즌제로 제작될 정도로 반응이 좋았다. 〈고독한 미식가〉의 오프닝은 현대인이 먹는 것에 몰두하는 이유를 다음과 같이 설명한다.

시간이나 사회에 얽매이지 않고 행복하게 배고픔을 채울 때, 잠시 그는 이기적이고 자유로워진다. 누구에게도 방해받지 않고 마음을 쓰지 않고 음식을 먹는 고고한 행위. 이 행위야말로, 현대인에게 평등하게 주어진 최고의 힐링이다.

– 드라마 〈고독한 미식가〉 나레이션

그렇다면 건축가가 누릴 수 있는 '건축의 맛'은 뭘까? 앞서 소개한 드라마의 문구를 빌려 말하자면, '누구에게도 방해받지 않고 마음을 쓰지 않고 설계를 하는 고고한 행위'야말로 건축가에게 주어진 최고의 힐링일 것이다. 모새골은 기획 단계부터 '건축의 맛'을 느낄 수 있었던 곳이다.

Y교회의 담임인 L목사는 은퇴를 대비해 작고 아담한 영성수련원을 계획했는데 내가 이 고무적인 취지의 설계를 맡게 됐다. 우선은 양평에서 대지를 보러 목사님과 같이 다녔는데 대지 선택 단계부터 건축주와 같이 다닌 것은 아마 모새골이 처음이지 싶다.

– 모새골에 관한 메모 중에서

건축에 있어 대지는 무시하지 못할 요소 중 하나다. 대부분의 경우, 건축가는 건축주가 사 놓은 땅을 보고 그 조건

위. 모새골 올라가는 길
아래. 모새골 외부 산책로

에 맞게 설계를 한다. 그러나 모새골은 건축주와 땅을 보러 다니는 것부터 함께했다.

모새골이 위치한 양평은 자연 요건이 좋기 때문에 여름에는 어떤 대지이든 다 좋아 보인다. 그러나 겨울이 되면 상황이 바뀐다. 특히 북향의 경우는 음산하게 느껴질 정도로 여름과 겨울의 느낌이 다르다. 햇빛의 유입을 중요하게 생각하는 나로선 겨울의 햇빛도 유념해서 볼 수밖에 없다. 현재 모새골이 위치한 대지를 방문했을 때 몇 초 만에 나는 건축주에게 이렇게 말했다.

"이 대지 아주 좋습니다."

겨울임에도 남향받이라 대지 전체를 해가 밝히고 있었기 때문이었다. 이런 입지의 대지는 앞으로 만나기 힘들 것 같아 건축주에게 구입을 권유했고, 건축주는 흔쾌히 구입했다. 건물에 가장 적합한 대지를 찾아다니던 수고가 단번에 해소되는 듯했다. 무엇이든 이 땅에 그려내기만 하면 될 것 같은 기대감도 일었다.

대지 선정 이후 모새골에 대한 원칙을 하나 세웠다. 대지 본연의 조건을 그대로 살릴 것. 사람의 손을 타지 않은 산세가 가장 아름답다고 생각했기 때문이다. 그래서 모새골은 단 1cm도 지형에 손을 대지 않았다. 땅의 모양과 프로그램에 딸린 건물의 매스를 세 부분으로 나누었고 그 사이에 연결 통로를 만들었다. 주차장은 비교적 거리가 있는 아래에 위치하게끔 했다. 방문자들이 힘이 조금 들 수는 있지만, 충분히 걸어 다닐만한 거리라고 생각했기 때문이다. 또한 대지의 조건을 면밀하게 보다 보니 한눈에 봐도 길지임이 느껴졌다. 전통 사찰로 말하자면 대웅전의 자리에 해당한다고나 할까? 그래서 대웅전을 중심으로 스님들이 묵는 '요사채', 참선의 공간인 '선방'이 좌우로 포진한 것 같은 배치 기법을 차용하여 설계하기로 했다. 그럼에도 불구하고 예배당의 세부적인 디자인은 여전히 해결되지 않았다.

결과부터 말하자면, 모새골의 예배당은 '빛의 공간'이

모새골의 예배당 모습

되었다. 인공의 조명 하나 없이 오로지 햇빛의 유입으로만 내부를 밝히는 공간. 맨 앞쪽은 천창(天窓), 왼쪽은 바닥에서 들어오는 빛을 이용해 예배당 내부를 밝혔다. 형광등을 보는 순간 우리는 세속을 경험한다. 그래서 형광등 대신 맨 뒷벽에는 천장을 비춰 반사하는 빛을 만들었다. 또 기도가 저절로 되는 방을 만들고 싶어 큰 창문 대신 희미하게 빛이 흐르도록 했다. 그리고 더럽혀진 땅을 반사한 빛이 예배당으로 유입되지 못하도록 외벽 주변에 연못을 만들어서 빛이 반사되어 들어가도록 설계했다. 기독교에서 물은 세례를

모새골의 예배당 외부 모습

상징한다. 세례는 옛사람을 벗고 새사람을 입었음을 선언하는 예식이다. 모새골은 '빛'에서 출발해 '물'로 완성된 공간이라 할 수 있다.

또한 무엇보다 영성의 성장을 목표로 삼고 성경을 공부하고 묵상하기 위해 산속까지 찾아오는 사람들에게 자연스럽고 편안한 분위기를 느끼게 하고 싶었다. 그러려면 조물주가 만든 지형 그대로의 신비를 남겨야 했다. 그래서 상당히 가파른 대지였지만 바꾸지 않았다. 대지의 아우라가 건축물을 품고, 인공의 건축물은 자연의 품에 안기는 자연스러움이 연출되기를 바랐다.

사실 내가 이렇게 '빛'의 공간으로 설계한 까닭은 개인적인 경험 때문이었다. 건축사무소를 운영하면서 크고 작은 어려움에 부딪히던 어느 날 새벽, 교회에 갔다. 어두운 예배당에서 눈을 감자, 더욱 마음이 어두워지는 것 같았다. 문득 아주 작은 불빛만 존재하더라도 그 빛을 향해 걸어갈 수 있을 것 같다는 생각이 들었다. 많고 환한 빛이 아니어도 되었다. 한 줄기의 빛, 칠흑 같은 어두움 속에서는 단 하나의 빛이면 충분하다. 어둠의 존재를 인정하되, 그 어두움을 힘 있게 가를 수 있는 한 줄기의 빛. 그 빛이 컴컴한 마음의 집에 들어선다면 인간은 그 빛을 희망 삼아 살아갈 수 있는 존재가 아닐까?

예배당에서 그러한 빛의 간절함을 경험할 수 있다

면 환상적인 스테인글라스가 선사하는 위엄에 비길 수 있을 것 같았다. 강렬한 빛이 아니라 살며시 노크하는 한 줄기의 연약한 빛. 그것은 위엄에 압도당해 느끼는 누미노제(Numinose)보다 더 강렬하게 붙잡고 싶은 희망이 될 수 있을 것 같았다.

건축가에게 건축의 맛이란 결국 어머니가 끓여 주시던 흰죽의 맛이 아닐까? 아무 맛도 나지 않는 것 같지만 혀 저 끝에서 어렴풋이 느껴지는 단맛. 결국에는 식욕을 되찾게 하는 맛. 그것은 아프고 외로울 때 생각나는 어머니의 마음, 그 맛의 다른 이름은 그리움과 추억이다. 그것은 건축가에게 에너지원이다. 나의 사유와 나의 손을 거쳐 간 건축이 나를 다시 치유하고 살아가게 하는 것이다. 그러니까 내게 건축은 직업 그 이상의 의미다. 나를 살아가게 하는 삶의 견인차, 저 끝에서 미미하게 느껴지나 거부할 수 없는 단맛으로 말이다.

내 마음속의 '작지만 마음에 드는 건물'인 모새골은 건축 그 자체로도 좋은 건물이지만, 존재만으로도 내게 힘이 된다. 다시 컴컴한 어둠이 오래 지속된다면, 그래서 한 줄의 단비 같은 빛을 사무치도록 갈망하게 된다면, 나는 어머니가 끓여 주시던 흰죽의 맛을 보기 위해 양평으로 향하는 자동차 핸들에 손을 올릴 것 같다.

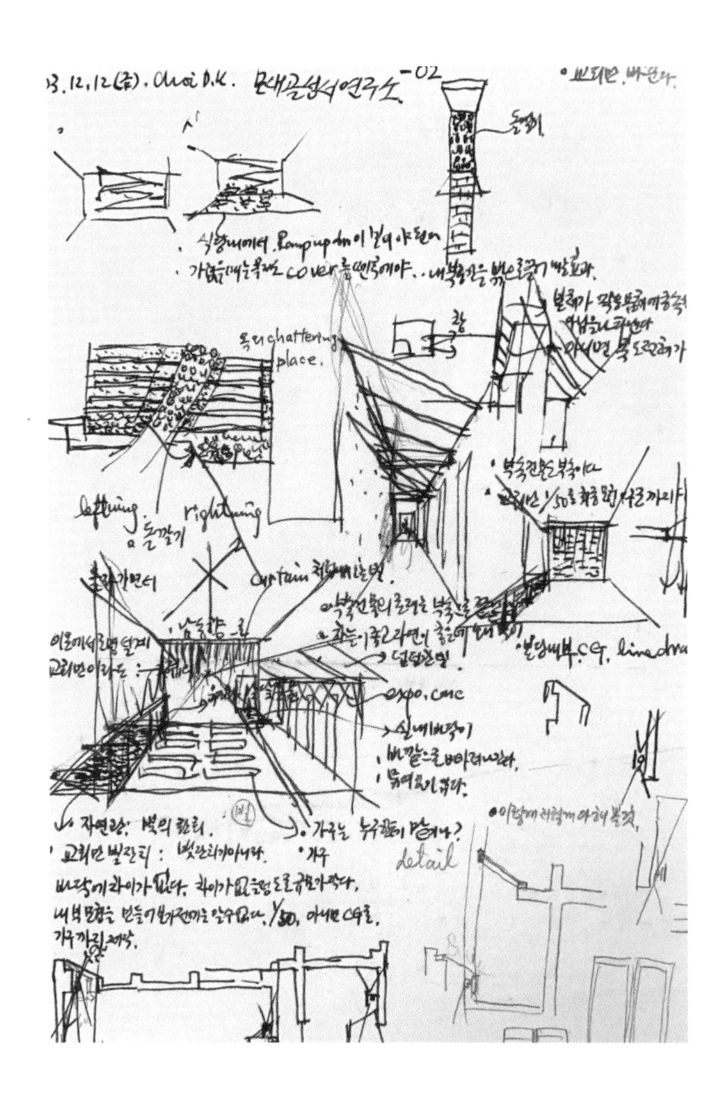

모새골 스케치

반짝반짝, 다이아몬드 반지 같은

서인건축 사옥

대지 위치 서초구 사평대로 20길 12-3
대지 면적 200m² **용도** 주거 지역 **연면적** 740.5m²
규모 지하 1층, 지상 6층 **설계** 1996년 **준공** 1997년

어느 날 갑자기 건물주에게 사무실을 비워달라는 통보를 받았다. 나는 그날로 나와 지인에게 소개받은 경남쇼핑센터 5층의 한 일식집을 염탐하기 시작했다. 회덮밥 한 그릇을 시켜 놓고 내부를 관찰하고, 밖으로 나가 발걸음으로 대략적인 가로세로 사이즈를 쟀다. 평생 숫자와 씨름하고 비율을 익혔으니 사무실에 있는 집기와 가구를 눈대중으로 일식집에 대입해 볼 수 있었다. 그렇게 8천만 원이라는 돈을 들여 그곳을 샀다. 이후에도 공간을 늘리고 임대료를 받는 사람이 되었지만, 건물에 대한 욕망은 사그라들지 않았다.

더 안정적으로 나와 내 회사 직원들과 가족들을 위한 공간을 만들고 싶었다.

이후 나는 수시로 땅을 보러 다녔고 우연히 한 복덕방 주인을 만났다. 그는 고스톱에 열중하며 "그 돈 가지고는 살 만 한 게 없다"고 무심히 말했다. 그러나 내가 서래마을에 건물을 짓고 싶다는 열망을 끈질기게 드러낸 덕분인지 복덕방 주인의 무관심은 어느덧 관심으로 바뀌었다. 그는 한 지적도를 내게 보여 주었다. 금요일에 아파트를 팔고 일요일에 그 땅을 계약했으니 일사천리로 진행되었다고 할 수 있다.

그러나 땅을 산 지 1년이 지나서도 건축은 진행되지 않았다. 돈도 없었지만, 무엇보다 엄두가 나지 않았다. 그러던 어느 날 아내는 더는 이렇게 살 수는 없다고 했고, 그 말이 나를 다시 움직이게 했다. 시공사를 운영하는 선배를 찾아가 계약금의 10%를 주고 마침내 건축을 시작했다. 그 시간 동안 토굴 같은 반지하 집에 살림을 쌓아 놓고 지냈다. 그래도 견딜 수 있었다. 잠깐의 고생이 평생의 안정을 가져다줄 것이라는 믿음과 희망이 있었기 때문이다. 당시에 IMF가 터져 여러 차례 어려움을 겪었지만, 1997년 5월 13일, 내 나이 50세가 되던 해에 서인건축 사옥 준공이라는 대장정을 마무리하게 되었다.

서인건축 사옥은 내가 나를 위해 지은 건물이다. 사무실과 집이 있는 나를 위한 공간, 내가 건축주이자 건축가인. 그래서 60.5평 중 한 평도 손해 보고 싶지 않았다. 건폐율[1] 60%, 용적률[2] 300%를 남김없이 다 채워서 욕심스럽게 지었다. 그래서 외부 공간이나 공간이 아래위로 뚫린다든지 하는 입체적인 제스처가 없다.

이러한 집에 대한 실용적인 태도를 두고 어떤 사람들은 건축가로서 바람직하지 않다고 말할지도 모르겠다. 하지만 아름다움, 기능성 등의 '건축적 고려 사항'만큼이나 중요한 것이 '삶' 그 자체라고 생각한다. 건물의 형태와 공간은 자신의 삶에 대한 가장 솔직한 고민의 결과로 나타나는 것이다. 이러한 실용성이 단순한 욕심만이 아닌, 주어진 대지에서 자신의 목소리와 몸짓을 표현하는 중요한 윤리 의식이라는 점에서 나는 실용성과 미학의 차이를 크게 두지 않는다.

시작은 1997년으로 거슬러 올라간다. 나의 가족이 거주할 집이자 동시에 사옥이기 때문에 건물에 대한 나의 모

1 건폐율은 대지 면적에 대한 건축면적의 비율을 뜻한다. 용적률과 함께 해당 지역의 개발 밀도를 가늠하는 척도로 활용한다.

2 용적률은 전체 대지 면적에서 건물 각층의 면적을 합한 면적(연면적)이 차지하는 비율을 말한다.

든 생각이 집약되어 있다. 당시 어느 금요일, 나는 살고 있던 아파트를 처분하고, 일요일에 주택 매매 계약을 하게 되었다. 근처 복덕방을 찾아갔었는데, 그때 복덕방 사장은 열심히 고스톱을 치고 있었다. 4억 2천만 원 정도가 있었는데 무엇을 살 수 있냐고 물었다. 그 돈 가지고는 살게 없다는 답이 돌아왔다. 그렇다면 은행에 저당 잡혀 있는 땅은 없는지 물어봤다. 그때 대지증명을 뽑아 놓은 땅을 하나 보여 주었고 적합한 땅이라고 생각한 나는 즉시 계약을 했다. 지금도 기적이라고 생각한다. 현재의 서래마을 지역인 집은 좋은 위치였고 이를 실용적으로 설계하기 위해 오랜 기간이 걸렸다.

–서인건축 사옥에 관한 메모 중에서

당시 내가 남긴 메모를 보면 나와 가족을 위한 건축인 만큼 그 과정을 상세하게 기록해 놓으려고 했던 것이 느껴진다. 복덕방 주인의 행동까지 적어 놓은 것을 보면 말이다. 4억 2천만 원이라는 금액도 눈에 띈다. 그것은 당시 나의 경제력, 당시의 시세, 그리고 그러한 조건을 극복한 오늘의 나 등 여러 의미를 내포한다. 이렇게 지어진 서인건축 사옥은 나와 내 가족, 그리고 직원들의 공간이 되어 지금까지도 나에게 안정감과 동시에 즐거움을 준다.

건축에는 두 가지 매력이 있다. 첫 번째는 첫눈에 잡아끄는 매력이다. 이것은 사람의 첫인상과 같다. 건축도 제각각 개성이 있기 마련이지만, 정형화된 건축의 형태가 건축의 용도를 예상하게 한다. 아파트는 아파트 나름의, 상가는 상가 나름의 특징적인 형태를 갖추고 있기 때문이다. 그래서 사람들은 멀리서도 건축물의 형태를 보고 아파트 단지인지, 근린 생활 공간인지 알아챌 수 있다. 건축의 아우라 및 외관의 아름다움은 사람으로 치면 첫인상이 주는 매력이라 할 수 있다. 매력적인 사람을 자꾸 보고 싶어 하는 것처럼, 매력적인 건물은 사람을 끌어들인다.

사람을 끌어들이는 건물은 건축의 사명에 충실한 건축물이다. 한시라도 빨리 들어가고 싶게 하는 집. 그런 집에 사는 사람은 안락과 평안을 누릴 것이다. 들어서기 직전부터 구매욕을 부르는 상업 건물이 있다면 물건을 구매하기 위해 집을 나선 소비자에게도, 물건을 팔아 이윤을 얻는 상인들에게도 유익이 된다.

또 들어서기만 해도 종교적 신비감에 젖어 들게 하는 종교 건축은 어떤가. 현대인들에게 심리적 안정과 위안을 건네는 종교 건축의 아우라. 그것은 종교심을 배가시키는 영혼의 울림이다. 건축이 선사하는 매력은 건물의 실용성과 더불어 사람의 정서를 자극하는 데 있다. 그리고 그 매력에 빠진 사람은 건축과 함께 호흡하며 세상을 살아간다. 사람을 불러들이고, 불러들인 사람과 시간과 추억을 공유하는 건축. 그래서 건축은 사람에게 작은 우주와 같다. 시간과 공간, 감정이 부유하는 공간이기 때문이다.

두 번째 매력은 길들어져 간다는 것이다. 생텍쥐페리의 『어린 왕자』에서는 '길들여지는 것'을 '관계를 맺는 것'이라고 표현한다.

건축과 사람의 관계 맺기. 이것은 사람이 건축 안에 들어가서 건축과 호흡할 때 비로소 알게 되는 것들이다. 첫인상의 매력에 이끌려 자꾸 만나게 되면서 그 사람의 성격과 성향을 파악하게 되는 것처럼 말이다. 또 그렇게 지내다가도 상황이 바뀌면 사이가 멀어지듯, 성향이나 필요에 따라 머물던 곳을 바꾸기도 한다. 새 공간으로 떠날 여건이 허락되지 않는다면 나름대로 그 공간에서 지낼 방법들을 찾아낸다. 그렇게 사람은 공간과 관계를 맺으며 길들여진다. 건축과 사용자가 함께 늙어 가는 것이다.

서인건축 사옥은 그 당시 흔하지 않았던 노출 콘크리트 공법[3]으로 건축하였다. 현재에는 노출 콘크리트 공법이 대세에 가깝지만, 완공 당시에는 파격이었다. 시대의 유행

---

3 노출 콘크리트 공법은 콘크리트 타설 후 거푸집을 탈형한 상태 그대로 노출하는 것으로, 콘크리트 자체가 가진 색상 및 질감을 드러내 독특한 조형미를 강조한다.

서인건축 내부

을 타지 않으면서도 깔끔하고 세련된 노출 콘크리트 공법은 특별히 튀는 듯 튀지 않는 은근한 아름다움이 있다. 오래 보아도 질리지 않고 자꾸 보면 편안한 그런 아우라를 자아낸다. 서인건축 사옥의 첫인상은 그래서 비교적 매력적이라고 생각한다.

하지만 문제는 길들여지지 않는 데 있었다. 여전히 건축과의 관계 맺기는 숙제처럼 남아있었다. 건폐율과 용적률에 욕심을 낸 탓에 사라져버린 입체적인 제스처가 어느덧 지루함으로 다가왔다.

종종 명절이 되면 대체 휴일과 함께 5일 이상 쉴 때가 있는데, 그 지루함 때문에 이 공간에 2~3일 이상 머물기가 어려웠다. 그것은 현관문 하나로 통제되는 공간의 한계 때문이었다.

한소망교회처럼 대공간(Large space)이 있어서 그곳에서 햇살과 조우한다면, 또 시저 타입의 계단이 있어서 계단과 계단 사이에서 사람을 만나고 휴식할 수 있다면, 약수교회처럼 지역 사회를 품어내는 건축으로 내어주는 공간을 통해 나눔의 즐거움이라도 누릴 수 있었다면, 더사랑의교회처럼 어디에서든 문을 열고 나가면 바깥과 연결되는 소통의 건축이었더라면![4]

---

4 한소망교회, 약수교회, 더사랑의교회에 관한 내용은 3장 〈사유의 건축〉 참고.

지금 짓는다면 조금 더 잘 지을 수 있을 것 같다는 생각이 들기도 한다. 그러나 그 당시 지금보다 어렸던 나에게는 최선이었으리라. 게다가 아내는 이 건축을 위해 다이아몬드 반지까지 내어주지 않았던가. 아내의 헌신과 나의 노력이 주춧돌[5]이 되어 세워진 서인건축 사옥은 여전히 나에게는 감사의 이유다. 또한 무엇이 좋은 건축인지 질문하게 하는 학습의 장, 나의 분신, 내 삶이 다하기까지 반짝반짝 빛날 다이아몬드 같은 존재다.

---

5 주춧돌은 기둥 밑에 기초로 받쳐 놓은 돌을 뜻하며 초석(礎石)이라고도 부른다.

사옥이 쏘아올린 작은 공

예수소망교회

대지 위치 경기도 성남시 분당구 정자동 210-1 **대지 면적** 3,912m²
용도 문화 및 집회 시설, 교육 연구 및 복지 시설, 근린 생활 시설
연면적 17,561m² **규모** 지하 3층, 지상 8층 **준공** 2003년
수상 2005 경기도 건축문화상 입선

서인건축 사옥에 들어와 3일 정도 지내면 지루함이 느껴지기 시작한다. '공간의 구속' 때문이다. 아파트를 예로 들어보자. 먼저 단지 입구로 들어가면 주거 공간에 구속된다. 그곳을 지나 우리 집 현관을 열면 나만의 보금자리로 들어갈 수 있다. 거기서 다시 방문을 열면 또 새로운 공간을 만날 수 있다.

'새로운 공간'이라고 했지만, 사실은 구속된 공간, 문

안에 또 다른 문을 열었을 뿐이다. 테라스[1]를 통해 바깥에 있는 듯한 느낌을 받을 수 있지만, 그곳도 집안이라는 한계에서 벗어나지는 못한다. 온전한 해방은 아파트 현관문을 열고 나가 아스팔트를 발로 밟을 때 일어난다. 그렇다면 건축물은 인간을 완벽하게 구속하기만 할까? 인간이 건물 안에 머물 때, 지루함을 느끼는 것이 당연한 것일까?

영화 〈쇼생크 탈출〉의 주인공이 지내는 감옥과 우리가 살고 있는 집의 원리는 크게 다르지 않다. 양변기, 침대, 세면대를 한 공간에 들여놓는다는 점에서 그렇다. 평수가 커져도 문으로 그 공간들을 더 넓게 구분 지었을 뿐 본질은 바뀌지 않는다. 문 하나. 그것이 철창처럼 현대인을 구속한다. 현대인은 매일 영화 〈쇼생크 탈출〉의 주인공이 되는 셈이다. 우리가 끊임없이 자유를 갈구하는 까닭이 여기에 있는지도 모르겠다.

나는 내 분신과도 같은 서인건축이 던진 물음에 답해야 했다. 구속된 공간을 어떻게 해방시킬 것인가? 어떻게 하면 열리고 닫히는 리듬이 있는 공간을 연출할 수 있을까? 나는 한동안 골몰했다. '인간이 오랫동안 머물면서도, 그 경계 밖으로 나갈 수 없는 공간'을 찾기 위해서.

---

1 테라스(Terrace)는 실내에서 직접 밖으로 나갈 수 있도록 정원의 일부를 높게 쌓아올린 대지를 말하며 주로 정원이나 풍경을 관상하는 데 사용된다.

그렇게 오랜 사유 끝에 지어진 건축물이 바로 2005년 경기도 건축문화상을 안겨 준 예수소망교회다.

영화에서 답을 찾다

나는 영화를 즐기는 편이다. 매혹적인 배우들의 모습, 스토리가 주는 몰입감 등도 좋지만, 영화 속 미장센을 낚아채는 일이 무엇보다 즐겁다. 비율과 균형이 좋은, 아름다운 미장센을 영화 속에서 발견할 때마다 사진으로 남겨둔다. 언젠가는 영화에서 쓰인 저 질감과 밀도가 나의 건축에도 반영될 것을 믿기 때문이다.

그렇게 쌓인 것들은 사유의 시간 안에서 수많은 정보와 만나 걸러지고 재배치되다가 어느 날 갑자기 똑떨어지는 답이 되어 내 앞에 나타난다. 그 답을 손에 쥘 때의 카타르시스는 무어라 표현할 수 없을 정도의 즐거움이다. 이것은 다시 내 손끝을 타고 하나의 선과 두 개의 선, 곡선과 직선이 오가는 '설계도'라는 눈에 보이는 것으로 탄생한다. 하지만 여기서 끝이 아니다. 한 채의 건물이 완성될 때까지 설계 또한 무수한 변경을 거친다.

이번에는 영화 〈타이타닉〉에서 답을 찾았다. 배는 인간이 오랫동안 거주하지만, 밖으로 나갈 수 없는 공간에 적합한 답이었다. 타이타닉호는 영국에서 출발하여 뉴욕까지 한 달이 넘는 시간을 항해한다. 영화 속에서 사람들은 데크[2]로 나와 햇빛을 즐기고 대화도 하며 자연을 즐긴다.

내 경험에 비추어 보아도 그렇다. 객실로 들어가거나 실내를 이용하는 경우는 비와 눈이 오거나 바람이 심하게 부는 등 자연의 방해가 있을 때뿐이다. 화창한 날에는 수평선과 바다의 포말을 바라보며 상념에 젖기도 한다. 밤이 아니면 객실에 들어가는 사람은 거의 없다. 갑판에 있는 사람, 좀 더 높은 갑판에 올라가는 사람, 욕심스럽게 제일 높은 데로 올라가려는 사람만 있을 뿐이다. 구속되는 것을 싫어하는 인간의 본능을 배에서 볼 수 있었다.

예수소망교회는 도심에 서 있는 '배'다. 데크가 여기저기 놓여 있고 꼭대기에서 1층까지 한 번에 내려올 수 있는 계단도 있다. 데크와 데크가 계단으로 연결되어 있듯 예수소망교회도 그렇다.

예수소망교회는 입지 조건이 독특하다. 한쪽은 대형 마트와 대중적인 커피전문점이 자리할 만큼 도심지이고, 다른 한쪽은 완벽한 숲이다. 이쪽과 저쪽의 정취가 완전히 다르다. 숲 쪽에 데크를 중점적으로 설치하여 도심에서 숲

---

2 데크(Deck)의 사전적 의미는 배의 갑판이다. 건축에서는 단순한 바닥을 지칭하며 베란다, 발코니, 테라스 등의 바닥을 특별하게 마감했을 때 데크라고 명기할 수 있다.

예수소망교회 외부

을 내려다볼 수 있게 하였다. 배가 에메랄드빛 바다를 항해한다면, 예수소망교회라는 이 배는 번화한 도시와 수많은 나무들 위를 항해한다. 예수소망교회는 교회 건축이라는 외형에 구속되어 있지만, 도시와 숲을 한껏 누리는 배가 되어 해방을 누린다.

예수소망교회에는 교회의 통속적 상징이 거의 없다. 대신 기능에 대한 철저한 분석을 시도했다. 이는 거대한 배의 '수평·수직 이동이 만들어 내는 공간 경험이 가져다주는 구속과 해방'이라는 측면에서 중요한 부분이었다.

전체적으로는 갇혀 있는 방과 열린 데크가 연속적으로 반복하는데. 저층부에서는 타이타닉호에서처럼 육중한 구속이 있고, 그 중간중간에는 작은 규모의 열린 데크들이 위치해 있다. 이런 닫힘과 열림의 반복을 통해 6층에 다다르게 되면 극단적으로 넓은 데크가 나온다. 6층이지만 3층과도 같은 본 데크의 왼편에는 정자의 기능을 하는 공용 공간이 있다. 실내 식당, 야외 테라스 식당, 친교 공간, 복도 등 다채로운 공간 덕분에 6층은 해방된 공간에 대한 경험이 극대화된다. 그곳에서 내려다보는 각기 다른 색깔을 입은 도심의 사거리는 탁 트인 시야가 선사하는 1차원적 해방감을 넘어 일종의 자기 현시를 깨우는 듯하다.

보통 계단을 필요 이상으로 크게 하지 않는 편이지만, 본 교회의 외부에서 상층부 데크까지 진입하는 계단은 상대적으로 넓다. 이를 계획할 때 한국의 전통 사찰의 공간 경험을 많이 생각한 편이다. 일주문을 통해 대웅전까지 가는 과정에서 접하게 되는 공간적 장치들은 치밀하면서도 자연스럽게 설정되어, 분절되어 있지만 연속된 느낌을 준다. 이와 어느 정도는 유사하게, 나는 예수소망교회에서 자연스러운 공간 흐름을 구현하고 싶었다. 예수소망교회의 또 다른 특징은 1층에 있는 카페다. 교회에서의 카페는 상업 공간이면서 공공 공간이다. 또한, 중요한 친교 공간이다. 교회에 대한 거부감을 줄여 줄 수 있으며, 성속적 세계에 함몰되지 않는 건강한 세속의 즐거움을 공유할 수 있는 지점이다. 예배당과 교육관이 엄숙한 친교 공간이라고 한다면, 교회 내 카페는 느슨한 친교 공간이다.

–예수소망교회에 관한 메모 중에서

메모에서도 알 수 있듯, 교회에 카페를 두어 성(聖)과 속(俗)이 공존하는 공간으로 설계하고 싶었던 예수소망교회에 대한 바람은 거의 현실화되었다. 도로를 중심으로 도심과 숲을 거느리고 있는 입지 조건이 이에 한몫했다. 이쪽에는 세속의 도시가, 저쪽에는 침묵하는 숲이 있다. 그래서 현실에 뿌리박힌 믿음과 더불어 경건의 능력을 잃어서는

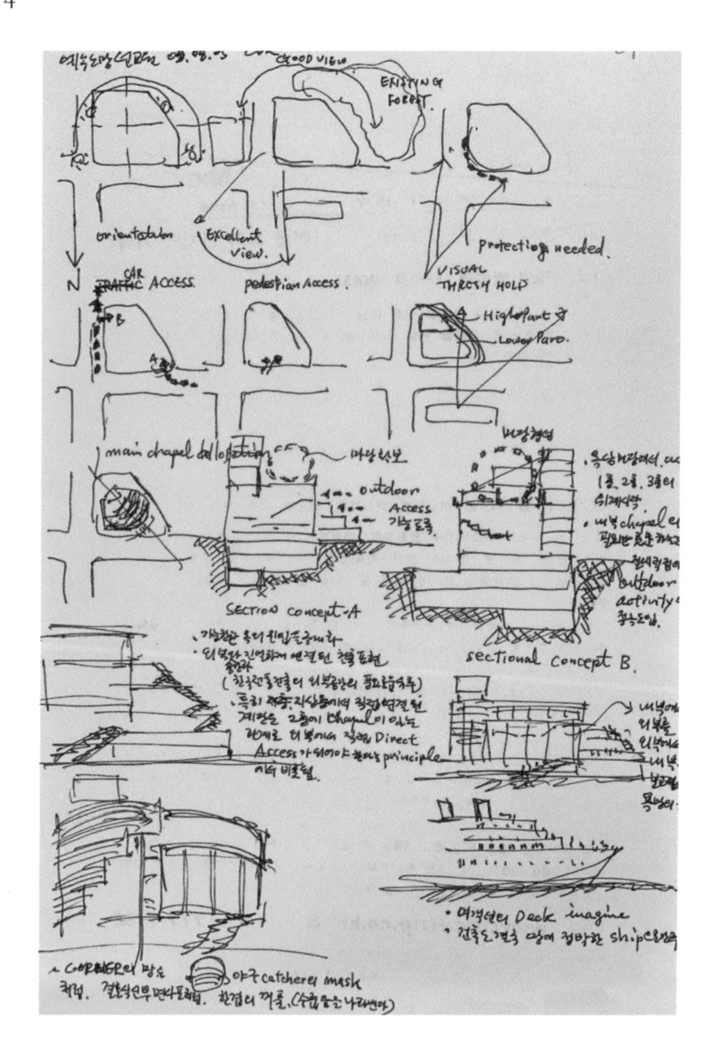
GOOD VIEW
EXISTING FOREST.
Excellent view.
protection needed.
VISUAL THRESH HOLD
CAR ACCESS.
pedestrian Access.
High Part
Lower Part.
outdoor
Access
SECTION concept-A
sectional concept B.
outdoor activity
Direct Access
principle
• 여객선의 Deck imagine
catcher의 mask

예수소망교회 스케치

안 되는 기독교인의 사명을 소리 없이 폭로한다. 도심 속의 배라는 건축 콘셉트 역시 영원히 살 수 없는 여행 같은 인생을 어떻게 항해해야 하는가를 묻는다. 나를 비롯한 이웃을 사랑하며 사는 삶. 이것은 믿음이 있는 자들의 행실을 구속하는 동시에 자유하게 하는 진리로 인하여 해방감을 선사한다.

또한 〈타이타닉〉의 로즈가 잭을 만나 관습과 책임의 옷을 벗고 사랑이라는 이름의 해방을 맛보았듯이 예수소망교회는 '교회'라는 건축의 틀, '도심'이라는 입지 조건에 구속되었지만, 한쪽의 숲을 보존하고 연속되는 데크를 설치함으로 교회의 통속적 상징을 벗음과 동시에 공간의 해방을 성취했다. 한쪽 문을 열고 들어왔을 때 바로 닫혀 버리는 건축의 한계를 벗고 계단과 데크, 벽창을 이용하여 활짝 열린 공간으로 완성된 예수소망교회는 두 팔 벌려 자유롭게 바다의 기운을 한껏 누리던 영화 〈타이타닉〉의 주인공들처럼 도시와 숲의 기운을 입고 성과 속이 자유롭게 공존하는 해방의 공간이 될 것이다.

창의성의 즐거움

아버지는 《플레이보이》 매거진을 즐겨보셨다. 아버지가 다 보고 난 잡지는 내 차지였다. 그 잡지를 보면서 음흉한 상상을 했다기보다는 비율과 아름다움에 대해 공부했노라고 변명해 본다. 아버지는 내가 《플레이보이》를 보는 걸 아셨지만 별다른 말씀을 하지 않으셨다. 이렇듯 호탕하고 자유로운 아버지와 달리 어머니는 우리 시대 어머니상을 그대로 껴안은 분이셨다. 어머니는 항상 책 읽기와 공부를 강조하셨다.

이렇게 대조적인 성향의 부모님 밑에서 나는 두 가지 성향을 다 배웠다. 자유와 관습이라는 합일되지 않는 두 가지 성향이 내 안에서 때때로 싸움을 벌였지만, 건축함에 있어 이 두 가지 성향은 '창의성의 즐거움'[1]을 누리게 하는 플러스 요인이 되었다. 타고난 것이 있었지만 노력이 필요했다.

첫 번째 노력은 '독서'다. 고등학교 때부터 책을 좋아했는데, 그 습관이 몸에 남아 지금까지도 읽는 것을 즐긴다. 신문도 매일 읽는다. 나이가 들어서도 흐려지지 않은 눈빛은 쇠약한 육체가 낼 수 있는 최고의 매력이라고 생각한다. 또 누구나 알고 있듯, 독서는 상상력을 키우기에도 좋다. 창의성은 생각만으로 길러지는 것이 아니다. 다양한 분야에 대한 학습이 전제되어야 한다. 기반이

---

1 미하이 칙센트미하이(Mihaly Csikszentmihalyi)의 저서 중 하나.

없는 상상은 현실에서 창의적인 산물로 구현되기가 어렵다. 학습 없는 상상은 '창의성의 즐거움'에 이르지 못하는 소위 '멍 때리기' 일 뿐이다.

두 번째 노력은 '사유하기'다. 특히 현상 설계 등 경쟁을 해야 할 때는 더 오래 생각한다. 나는 특히 어스름한 새벽에 생각하는 것을 즐기는데, 그 시간이 무의식 속에 스며든 생각 한 덩어리를 끌어올리는 느낌을 받을 때가 많기 때문이다. 새벽에 하는 생각은 낮과 밤의 그것보다 명확하고 창의적이다. 그렇게 떠오른 생각들은 꼭 메모로 남긴다.

마지막 노력은 '운동하기'다. 오래도록 지치지 않으려면 체력을 기르는 것이 필수다. '아침에 나가서 몇 바퀴 뛰고 오지 않으면 밥을 주지 않겠다'는 아내의 으름장으로 시작한 운동이지만 벌써 30년이 넘었다. 일주일에 3번 이상, 40분 이상, 평소 대비 심장박동수 50% 이상, 땀이 나도록. 이 네 가지가 충족되도록 노력한다. 체력이 좋지 않으면 금방 포기하게 되고, 포기가 잦으면 거기까지가 나의 실력이라고 믿게 된다.

'노력은 배반하지 않는다'라는 말이 상투적이지만 나는 그 말을 믿는다. 이 믿음의 끝에는 성취감이라는 짜릿한 즐거움이 항상 기다리고 있다.

2장

사랑의 건축

기독교라는 종교가 가진 이미지들은 지우고 건축물을 그저 건축물 그 자체로 바라봐 줄 수는 없을까? 여전히 세계인의 사랑을 받고 있는 가우디의 성당처럼. 또 꼽추의 사랑 이야기를 머금어 낭만적이면서도 어딘가 쓸쓸해 보이는 노트르담 대성당처럼.

_〈세계로 나아가다〉 중에서

세계로 나아가다

새문안교회

대지 위치 서울 종로구 새문안로 77
대지 면적 4,217m² **용도** 종교 시설 **연면적** 29,636.74m²
규모 지하 5층, 지상 13층 **설계** 2010년 **준공** 2019년
수상 2019 아키텍처 마스터 프라이즈(AMP) 건축설계 부문 문화건축 수상

미국 LA에서 1985년 제정된 '아키텍처 마스터 프라이즈(이하 AMP[1])'는 세계적인 건축상 중 하나다. LA공항에서 비행기를 기다리고 있는 순간, SNS를 통해 알게 된 수상 소식은 흥분 그 자체였다. 건축가가 되겠다고 모두에게 공표한 고등학생의 나, 한양대학교 건축과를 다니던 나, 공간사에서 김수근 선생에게 건축에 대해 배우던 나, 서인건축의 문을 열던 나. 모든 순간이 빠르게 지나갔다. 이제껏 한눈팔

1 Architecture Master Prize.

지 않고 건축가라는 정체성을 지켜 온 나 자신이 기특했다. 나에게 기쁨을 준 AMP 수상작은 바로 '서울 종로구 새문안로 77'에 너른 품의 모습으로 서 있는 '새문안교회'다.

노트르담 대성당처럼

새문안교회는 한국 최초의 조직 교회로, '조선에 온 최초의 선교사' 언더우드 목사[2]가 1887년에 창립한 교회다. 도산(島山) 안창호 선생, 우사(尤史) 김규식 선생 등이 다닌 교회로도 유명하다.

또한 새문안교회는 '한국 교회의 어머니'라는 의미도 지니고 있다. 최초의 조직 교회로서 한국 교회의 기초를 세우고 또 다른 조직 교회를 낳는 역할을 해 왔다. 새문안교회가 낳은 교회들은 일제강점기와 전쟁 등의 격동기를 겪는 동안 한국 사회에서 큰 역할을 감당해 왔다. 교육과 계몽은 물론 독립운동에 이르기까지 한국의 근현대사 속에서 신자들의 공로가 어렵지 않게 목격된다.

과거 교회는 가난하고 공허한 대중의 마음을 위로하였고, 대중문화라는 것이 자리 잡기 전 다양한 문화행사로

---

2 호러스 그랜트 언더우드(Horace Grant Underwood / 1859.07.19~1916.10.12)

청소년의 마음도 사로잡았다. 어떻게 보면 우리나라에서 개신교라는 종교는 신앙이라는 초현실적 신비를 넘어 대중의 문화와 교육 환경에 적극적으로 참여한 가장 현실적인 종교라 생각된다. 초기 개신교는 우리 근현대 문화와 교육을 길러낸 자궁의 역할을 했다고도 볼 수 있다.

그러나 어느 순간 개신교에 대한 이미지는 망가지기 시작했다. 메가처치들의 출연과 그것으로부터 말미암은 교세 확장, 각종 비리와 범죄는 '안티 크리스천'이란 단어를 수면으로 끌어올렸다. 교회가 부르짖는 슬로건을 더 이상 사회가 함께 외쳐 주지 않게 되었을 뿐 아니라 '개독교'라는 조롱도 받고 있다.

아마 교회 건축물도 이러한 반감의 수많은 원인 중 하나일 것이다. 한 평의 땅, 한 평의 주거 공간을 갖기 위한 처절한 자기 싸움을 하는 시대에 대형 건물의 높은 첨탑[3]은 겸손과 이웃을 배려하는 본래 기독교가 가지는 이미지를 을 훼손시켰다. 건축가의 입장에서는 이 부분이 어쩐지 억울하다. 한국 개신교의 도덕성, 사회적 책임, 신자들의 생활 태도 등에서 발생되는 문제들을 때로는 건축물이 뒤집어쓰는 것 같기 때문이다. 기독교라는 종교가 지닌 이미지들은

3 첨탑(Spire)은 건물, 특히 교회 꼭대기에 있는 탑을 의미한다. 주로 원뿔 또는 피라미드의 형태를 보인다.

새문안교회 외벽

지우고 건축물을 그저 건축물 그 자체로 바라봐 줄 수는 없을까? 여전히 세계인의 사랑을 받고 있는 가우디의 성당처럼. 또 꼽추의 사랑 이야기를 머금어 낭만적이면서도 어딘가 쓸쓸해 보이는 노트르담 대성당처럼.

해외 건축상을 처음으로 받다

'황금색으로 된 어마어마하며 화려한 건물'

언젠가 새문안교회에 관한 기사에서 읽은 문장이다. 완공도 되기 전, 가림막 위로 드러난 모습과 조감도[4]만을 보고 쓴 글이었는데, 나는 그 글에서 교회에 대한 반감을 느꼈다. 짐작건대 글쓴이의 속내는 '교회를 이렇게 크고 화려하게 지어도 돼?'가 아니었을까.

무언가를 판단할 때는 본질을 보아야 한다. 교회의 건물이 아니라 교회가 어떤 일을 했느냐를 두고 판단해야 마땅한 것이다. 교회의 부정적 이미지가 건축물을 바라보는 시선에도 반영된다는 사실이 안타깝다.

새문안교회 건물이 AMP를 수상할 수 있었던 이유는

---

4 조감도(Bird's-eye view, 鳥瞰圖)는 높은 곳에서 내려다본 것처럼 표현한 그림이나 지도 등을 뜻한다.

AMP가 건축 그 자체만으로 승부하는 무대였기 때문이다. 그 무대에서 승리한 새문안교회는 그야말로 파이터다. 세상의 터부와의 한 판, 건축 과정에서의 모든 사연과의 한 판, 10년이라는 세월과의 한 판에서 승리한 파이터.

하지만 승리의 쾌감을 누리는 시간에 비해 챔피언이 되기까지의 과정은 길고 험난하다. 끝없는 훈련, 자기와의 싸움, 식이조절과 당일의 운까지 필요하다. 2010년 12월 3일 현상 설계[5] 당선 통지를 받고, 2019년 3월 준공이 되기까지 치열한 시간을 보냈다. 그러나 엄연히 따지면 새문안교회는 오롯이 나만의 것은 아니다. 모 대학교 L 교수가 낳고 내가 길렀다는 표현이 더 정확하다. L 교수와 함께 각각 설계를 진행했고, 그 과정에서 L 교수의 설계를 선택했기 때문이다. 그러나 이후 준공까지는 오롯이 나와 서인건축이 맡아 진행하였기에 '길렀다'는 표현은 맞다.

낳은 정과 기른 정 사이에 갈등이 일어나는 전개는 여전히 드라마의 소재로 쓰인다. 새문안교회 역시 이 갈등에서 완전히 자유롭지는 않다. 그러나 '아버지 나를 낳으시고, 어머니 나를 기르시니'라는 아포리즘처럼 기르는 자의 심정은 어머니와 같다. 아이의 성장과 발전을 위해서라면 자

---

5 현상 설계(懸賞設計)는 합리적인 설계안을 얻을 목적으로 상을 걸고 많은 설계자를 경기에 참가시키는 방법으로 진행하는 설계, 또는 그렇게 하여 얻은 설계안을 뜻한다.

존심은 '그까짓 것'으로 여길 줄 아는 어머니의 희생정신의 본질은 '강함'에 기인한다. 그래서 L 교수에게 여전히 고마운 마음을 가질 수 있는 것 같다.

변화하는 환경을 받아들일 수 있는 어머니의 교육철학이 아이를 성장시킨다. 건축 역시 이와 같다. 건축가에게는 쓸데없는 고집은 버리고 새로운 기술, 생각, 제안 등을 선입견 없이 받아들일 수 있는 열린 마음이 있어야 한다. 새문안교회는 10년 동안 무수한 변화를 거치며 성장한, 어엿한 서인건축의 대표 건축물이다.

건축, 드라마

어느 채널에서 '인생, 드라마'라는 문구를 읽은 적이 있다. 참 여러 가지 생각을 하게 하는 글귀다. 건축가로서의 나의 인생은 건축물들이 대변한다. 그러니 '건축, 드라마'라는 문구도 가능하겠다.

드라마가 재밌으려면 갈등이 분명해야 한다. 갈등과 갈등을 풀어나가는 과정이 드라마를 끌고 가는 강력한 동인이자 시청자에게 카타르시스를 선사하는 키워드다.

새문안교회는 시작부터 협력 설계라는 갈등 요소를 지니고 있었다. 7개의 회사가 응모한 새문안교회 현상 설계의 전문가 심사에서 서인건축이 거둔 성적은 2등. 즉 경쟁에서 떨어진 것이다. 그런데 여기에서부터 뜻밖의 전개가 펼쳐진다. 전문 심사위원들의 심사에서는 떨어졌지만 교회 차원에서의 심사가 진행된 것이다. 1등과 2등의 모형을 가져다 놓고 신도들의 선호도 투표와 장로들의 투표를 실시했다. 이러한 투표는 사실 승패 예상이 가능하다. 전문 심사위원들의 심사 결과를 따라가는 게 보통이기 때문이다. 그런데 이때 상상도 못한 반전이 일어났다. 투표하기 전 당회장 목사가 폭탄선언을 한 것이다.

"잠깐, 투표하기 전에 할 말이 있어요. 나는 전문가들이 1등으로 뽑은 안으로 짓고 싶지 않아요."

그러자 저쪽에서 또 다른 목소리가 들려왔다.

"2등 안은 내용은 모자랄 수 있어도 보충하면 좋은 설계가 될 것 같습니다."

이 두 마디의 추가 발언은 투표의 결과를 뒤집었다. 결과는 39:1. 이 신나는 반전 드라마는 새벽 12시 10분쯤 전화기 너머로 내게 전해졌다.

그러나 통쾌한 반전의 단맛은 오래가지 않았다. 음식도 맛있게 먹으려면 맛의 조합이 중요하다. '단짠단짠'이라는 말도 있지 않나. 인생도 마찬가지다. 달콤한 반전을 맛본 후에는 짠 내 나는 스토리가 펼쳐져야 장기적인 레이스에서 뜻깊은 완주를 경험할 수 있다.

새문안교회 공사 현장

1907년부터 지금의 자리를 지켜 온 새문안교회는 설계 당시 '도시 환경 정비 구역'[6]으로 지정되어 있었다. 새문안교회가 자리한 '새문안로'는 우리나라의 수백 년 역사를 지켜본 역사의 길이다. 경희궁과 대한민국 임시정부의 청사였던 경교장 등이 이 길에서 역사를 썼다. 하지만 그곳도 개발과 정비의 칼바람을 피해갈 수는 없었다. 그 칼바람은 건축 심의[7] 과정에서 무수한 아픔을 가져다주었다. 한 번의 퇴짜는 애교, 두세 번은 기본이었다. 특히 넘기 어려웠던 문턱은 철거에 관한 문제였다.

철거 전 새문안교회 건물은 조선 시대 마지막 왕손인 '이구(李玖)'가 설계한 것이었다. 이러한 역사성 때문에 시청을 비롯해 근대 건축 전공 교수들의 신축 반대의 목소리가 높았다. 나는 평소처럼 '생각'하기 시작했다. 문득 우리나라가 서류를 중요하게 생각한다는 사실이 떠올랐고, 마침 교회에 옛 설계도가 있어 그것을 자세히 살펴보았다. 그런데 설계도에는 '이구'가 아닌 '고주석'이란 이름이 적혀 있었다. 고주석 선생과는 제1회 알바 알토 심포지엄에서 만난

---

6 정비 구역(整備區域)은 노후 지역을 재개발·재건축을 통해 정비하기 위해 「도시 및 주거환경정비법」에 따라 지정 고시한 구역을 말한다. 정비 구역으로 지정되어야 추진 위원회 구성, 조합 설립, 재개발 및 재건축을 시작할 수 있다.

7 건축 심의란 일정 규모 이상의 건물을 지을 때 인허가에 앞서 도시 미관 향상, 공공성 확보 등을 따져보는 일이다. 건축위원회가 보완 사항, 건축법 위배 사항 등을 확인한다.

적이 있었다. 서둘러 선생의 연락처를 수소문했다.

짧은 통화로 얻은 성과는 컸다. 당시 이구에게 건축사 면허가 없어 선생의 이름으로 진행을 했다는 것이었다. 이로써 철거 허가는 얻어냈지만 나 역시 옛것이 지니고 있는 고유의 느낌과 역사성을 모두 허물고 싶지는 않았다. 옛 예배당을 축소하고, 구건물의 스테인드글라스와 벽돌을 보존하여 복원했다. 과거와 현재의 만남은 그 자체만으로 신비감을 조성한다. 이는 교회 건축이 갖추어야 하는 경건성에도 한몫을 했다. 그렇게 나의 '단짠' 스토리는 교회 한 편에 담겨있다. 정말이지 건축은 드라마 그 자체다.

기존 스테인글라스와 벽돌을 사용해 복원한 예배당의 모습

디렉터스 컷

모든 연출가에게는 못다 한 이야기가 있다. 대중의 요구와 투자자의 필요 등을 고려해야 하기 때문이다. 이때 연출가가 지니고 있던 이야기 일부는 편집되어 사라진다.

연출가의 못다 한 이야기를 복원하는 시스템이 가장 잘 구축된 장르는 영화다. 필름이라는 저장 장치가 있기 때문일 것이다. 그렇게 감독의 본래 의도대로 편집해 상영하는 영화를 '디렉터스 컷(Director's Cut)'이라고 한다.

'하나의 이야기, 두 개의 시선'은 마니아들을 다시 한

새문안교회 아치형 입구

번 영화에 빠져들게 한다. 사실 건축가에게도 못다 한 이야기가 있다. 특히 새문안교회는 10년이란 세월을 버텨 대중 앞에 서게 됐으니 얼마나 못다 한 이야기가 많겠는가.

새문안교회는 처음 현상 설계 시점부터 디자인에 대한 목표가 확고했다. 한국 개신교의 출발이라는 점에서 '어머니의 품'을 형상화하고자 했고, 문과 물을 통한 은유와 공적 공간으로서의 교회를 만들고자 했다. 이러한 교회의 필요 위에 건축물로서의 아름다움도 확보해야 했다. 먼저 '어머니의 품'은 새문안교회의 형체가 구현해 냈다. 가운데가 움푹 들어가고, 높이의 차이는 있지만, 양옆이 솟은 형체는 두 팔을 벌린 어머니의 품을 형상화한 것이다. 품을 강조하기 위해 오른쪽과 왼쪽 끝을 법적 이격 거리[8] 12m보다 더 들어가게 설계했다. 사람들을 품는 느낌을 주기 위해서는 더 둥그렇게 표현하는 것이 좋다고 생각했기 때문이다.

이렇게 구현된 '어머니의 품' 안에는 39개의 창문을 불규칙하게 뿌려 놓았다. 39개의 창문은 구약 성경 39권을, 정면 곡면부 아래의 27개의 유리창은 신약 성경 27권을 상징한다. 너른 어머니의 품이 되고자 하는 교회가 성경이라는 창을 통해 세상과 소통한다는 의미를 담은 것이다.

---

8 이격 거리: 옆 건물과의 거리. 건축한계선.

또한 아치[9]형의 입구는 '구원의 문'을 구현한 결과다. 이러한 새문안교회의 형체는 그 자체로 교회의 사회적 의미와 종교 본연의 의무를 모두 내포하는 메시지가 되었다. 그러나 아쉬운 점도 있다. 본래 계획되었던 '물의 공간'이 사라졌기 때문이다.

성전에 들어가기 전에 물을 건너게 하여 물이 가진 '세례(속죄)'의 상징을 구현하고자 했다. 그러나 새문안교회가 도로와 인접해 있고 유동 인구가 많은 곳이라 관리상의 문제로 이 계획은 철회되었다. 구현하지 못한 것 중에 아쉬운 것이 또 하나 있다. 바로 '천계(天界)'였다. 내부 천장에 하늘을 구현하고자 했으나, 공사비 과다로 계획을 수정해야 했다. 현재 새문안교회 본당 천장에는 열두 제자를 상징하는 12개의 날개가 있다. 하지만 당시 그 날개의 상징을 이해하지 못한 업체가 12개를 두 개씩 붙여 6세트로 작업을 했다. 나는 독립된 주체로 활동했던 열두 제자의 역할을 설명했고, 그 의미에 따라 변경된 것이 현재 본당의 모습이다.

그렇다고 해서 새문안교회가 교회로서의 의미와 상징으로만 채워진 공간은 아니다. 사적 공간을 가지는 전통적인 교회 건축에서 벗어나, 신자나 직원들만이 아닌 누구나

---

9 아치(Arch)는 무지개같이 한가운데는 높고 길게 굽은 형상으로 개구부의 상부 하중을 지탱하기 위하여 개구부에 걸쳐 놓은 곡선형 구조물이다.

위. 새문안교회 예배당 내부(1층)
아래. 새문안교회 예배당 2층에서 내려다본 모습

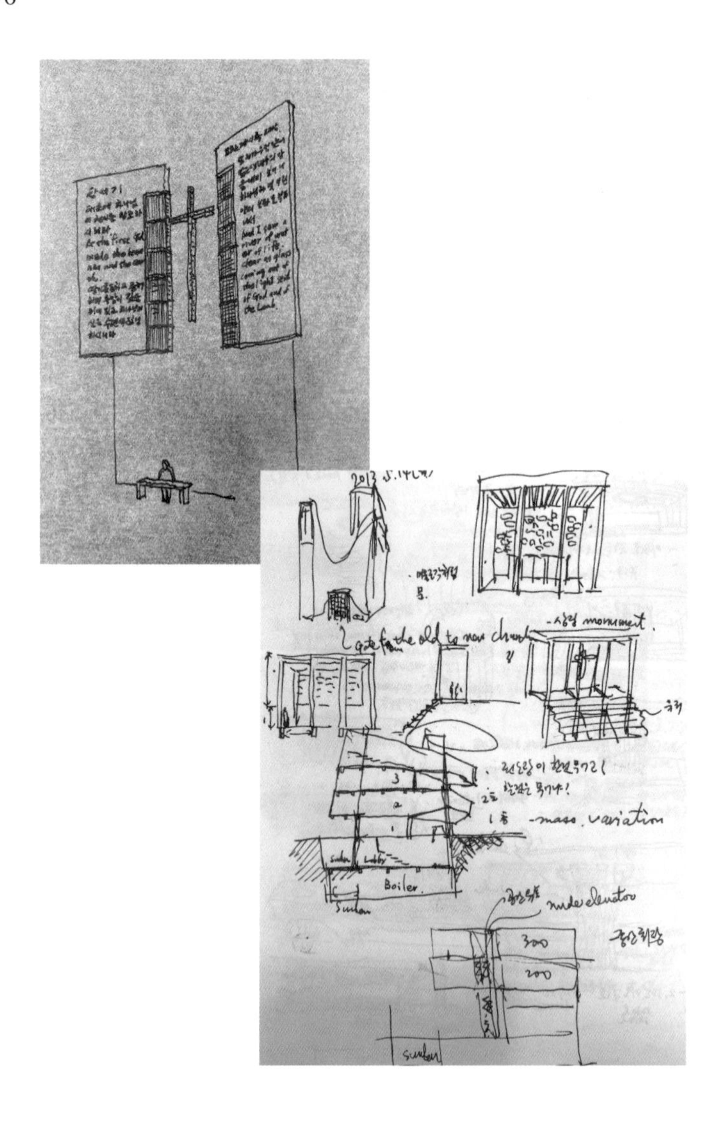
gate for the old to new church
monument
mass variation
Boiler.
300
200

새문안교회 스케치

머물 수 있는 대합실 같이 넓고 조용한 공간을 만들었다. 물론 건축 그 자체가 지닌 상징성 때문에 교회에 들어오는 것 자체가 쉽지 않을 것이다.

하지만 이러한 건축 골조에 콘텐츠를 입힌다면? 몰고어(Mall-goer)들이 복합쇼핑몰에서 쇼핑, 영화관람, 외식 등을 하는 것처럼 말이다. 창문의 수가 39개인 것이나 본당 천장에 달린 12개의 날개도 일종의 콘텐츠가 될 수 있다. 또한 1층에 복원해 놓은 옛 예배당은 그 자체로 콘텐츠다.

교회의 역사관은 또 어떤가. 언더우드 선교사의 삶과 생활은 그 자체로 우리나라 근현대사를 대변한다. 그가 사용한 가방이나 옷 등은 역사성이 있는 유의미한 콘텐츠다. 이처럼 상상과 경험을 확인할 수 있는 공간이라면, 그리고 세계건축상이 안겨 준 명예가 사람들을 불러들이는 공간이 된다면, 새문안교회의 신자들을 넘어 더 많은 사람과의 연대를 꿈꿔도 되지 않을까? 어쩌면 억지스럽다고 느낄 수도 있겠다. 그러나 새문안교회 건축물이 획득한 '세계 10대 교회', '서울의 15개 명소'와 같은 객관적 위상은 이 억지스러움을 자연스러운 예측으로 바꿔준다.

부모의 마음으로 짓다

의정부영아원 및 경기북부 아동일시보호소

대지 위치 경기도 의정부시 입석로 32번길 30
대지 면적 2,493m² **용도** 교육 연구 및 복지 시설 **연면적** 1,746m²
규모 지하 1층, 지상 3층 **설계** 2002년 **준공** 2003년
수상 2005 한국건축문화상 은상

어머니는 내가 초등학교 6년을 다니는 동안 내내 학교에 오셨을 정도로 극성이셨다. 교실 밖 창문에 서서 공부하는 아들의 한쪽 뺨을 하염없이 바라보셨던 어머니. 내가 홍역에 걸려 앓아누웠을 때는 창문 밖에서 수업을 듣고 오셔서 나에게 가르쳐 주시기도 했는데, 어머니의 그런 열정은 배우지 못한 자의 설움을 아들에게 물려주지 않으려는 몸부림이었다. 이후 어머니에 대한 유년기의 기억은 '극성'과 '억척'이라는 단어가 되어 오늘의 나를 지탱하는 주춧돌이 되었다.

그렇지만 세상에는 어머니에 대한 기억이 없이 살아가는 이들도 있다. 세상은 그들을 '고아'라고 부른다. 사회로부터 '고아'라고 명명된 아이들은 아이러니하게도 그 사회의 보호 아래에서 삶을 시작한다. '영아원'이라는 보육 기관이 그들의 첫 보금자리가 된다. 학대와 이혼, 경제적인 문제 등으로 내몰린 아이들이 첫 공동체를 경험하는 곳이 바로 영아원이다. 이후 아이들이 자라면 18세까지 '보호소'에서 머물게 된다. 나는 그 공간에서 지낼 아이들에게 '긍지'를 주고 싶었다.

'긍지'의 다른 이름은 '당당함'이다. 부모라는 울타리, 가족이라는 공동체로부터 밀려난 아이들. 그들이 어떻게 당당함을 지닐 수 있게 할 것인가. 나면서부터 결핍을 갖게 된 아이들에게 건축은 어떻게 따뜻한 충전의 공간을 마련해 줄 수 있을까.

결핍의 공간에서 긍지의 터로

인류가 맞은 새 시대인 밀레니엄을 자축하는 열기가 가시자마자, 대한민국은 또 하나의 축제 분위기로 가득했다. 아시안게임, 올림픽을 이어 새천년의 시작과 함께 월드컵 주최국이 되다니! 반쪽짜리 주최였지만 온 국민은 '꿈은 이루어진다'라는 슬로건과 함께 축제 같은 일상을 보내고 있었다. 그러나 나는 의정부에서 '현실'이라는 매서운 찬바람을 맞고 있었다. 이렇게 희망이 가득할 때에도 허기지고 메마른 인생들이 태어나고 또 살아가고 있다는 현실을 생각하면 월드컵의 열기는 신기루처럼 느껴졌다. 나는 교실 밖에 서서 아들을 매일 바라보셨던 나의 어머니처럼 극성맞은 아버지가 되기로 했다.

'경기도 의정부시 입석로 32번길 30'

이 주소를 따라 목적지에 다다르면 먼저 영아원이 빠끔히 고개를 내민다. 마치 '엄마 나 여기 있어요!'라며 고갯짓을 하는 아이처럼. 이 공간을 지나 왼쪽으로 가면 일시보호소가 있다. 영아원에서 양부모를 만나지 못한 아이들이 이사를 가게 되는 곳이다. 나는 그 이사가 아이들을 더 쓸쓸하게 만들지 않길 바랐다. 그래서 언젠간 한 번은 찾아오고 싶은 공간을 만드는 것을 설계의 주안점으로 두었다.

굳이 다시 한번 찾아가서 머물고 싶은 공간은 대체로 사람들이 편안함을 느낄 수 있는 공간이다. 정신적 여유까지 누릴 수 있다면 더할 나위가 없다. 입구부터 내 아이를 보호하려는 극성맞은 아버지의 심정을 듬뿍 담았다.

항상 나는 설계를 할 때 최악의 상황을 생각한다. '최초로 아기를 발견한 사람이 아이를 안고 이곳에 올 때, 비가 온다면? 그 아이의 얼굴에 빗방울이 떨어진다면?' 누군가에게 발견되어 이곳에서의 생활이 시작된 아이들을 위한 배려는 '비를 맞지 않게 하는 것부터'라고 생각했다.

이를 위해 먼저 계단의 위험성을 제하고 공간으로의 접근성을 용이하게 하기 위해 입구를 램프[1]로 구성하였다. 또한 그 입구에는 유리로 처마[2]를 만들어 비를 맞지 않게 했다. 사실 모든 건물은 비와 바람을 피할 수 있는 공간이어야 한다. 다소 냉소적으로 바라본다면, 건축물이 갖추어야 할 아주 사소하고 필수적인 기능에 대한 공치사라 여겨질 수도 있다. 그러나 나는 무수한 사연으로 이곳을 찾은 수많은 발걸음이 처한 정서와 함께 호흡하고 싶었다.

비가 쏟아지지만, 이곳을 찾을 수밖에 없었던 이들이 경험하는 차디찬 현실과 삶에 대한 열망이라는 간극. 투명한 유리를 통해 내리는 비는 바라볼 수 있지만, 외부 환경으로부터는 보호받을 수 있는 그 한 발자국의 차이. 그 차이는 건축가가 그리는 도면의 '선 하나'가 만들어 낸다. 한 줄의 선이 배려와 온기가 되는 것이다. 나는 그렇게 우산을 펼쳐 들고 빗속으로 뛰어드는 아버지가 되고 싶었다.

---

1 램프(Ramp)는 높이가 다른 두 도로를 연결하는 경사로를 뜻하며 학교, 병원, 전시장, 복도, 경사진 통로, 차고 등에 쓰인다.

2 처마는 외벽면에서 밖으로 돌출한 지붕을 뜻하며, 외벽을 비로부터 보호하고 개구부의 일조 조정의 구실을 한다.

의정부영아원 내부 사진

아버지란 존재는 겉과 속이 다르다. 겉으로는 빗속으로 뛰어드는 강인함을 연출하지만, 그 속에는 여리디여린 소년의 감성이 숨 쉰다. 그렇지만 그 소년의 감성을 들키지 않으려고 아버지들은 에둘러 감정을 표현한다. 아이들이 자라면서 느끼거나 알아차려 주면 고맙고, 그렇지 못하더라도 떠벌리지 않는다.

물건 중에도 쓰면 쓸수록 정이 가고 멋스러움이 느껴지는 물건이 있다. 반면 첫눈에 반해 사 버렸지만, 손이 가지 않는 물건도 있다.

건축물도 그렇다. 동선, 채광, 통풍 등에 문제가 있어 머물고 싶지 않은 공간이 있는가 하면, 지내면 지낼수록 정이 가고 안정감을 느끼게 하는 공간도 있다.

영아원과 보호소는 원하지 않아도 사회적 편견과 싸워야 하는 운명을 타고난다. 그래서 그 자체로 외롭다. 세련된 인테리어와 보기 좋은 외관이 채워주지 못하는 싸늘함이 존재할 수 있다. 그래서 시간이 그 가치를 증명해 내는 공간이어야 했다. 바로 알아채지 못하더라도, 생활하는 동안 눈치 채지 못하더라도 점점 정이 가는 공간. 성인이 되어 회상했을 때 미소 지어지는 그런 공간. 에둘러 표현된 아버지의 사랑 같은, 지나면 깨닫게 되는 따뜻한 공간.

의정부영아원 및 경기북부 아동일시보호소 내부 설계에서는 그런 속정 깊은 아버지의 마음을 담고자 했다. 아이들에게 자부심이라는 마음의 성장판을 물려줄 수 있는 공간을 위해 생각을 거듭했다. 생각은 생각을 낳아 도면으로 완성되었다.

층[3]이라는 익숙한 구조를 일부 포기했다. 아이들에게 좀 더 넓은 생활공간을 제공하기 위해서는 완전히 층으로 분리하여 최대한 공간을 활용해야 한다. 그러나 과감하게 양옆의 공간을 오픈해 브리지로 연결했다. 전체를 층으로 구분한 막힌 구조가 아닌 위쪽이나 아래쪽에 있는 도우미가 시선만 돌리면 아이의 위치를 확인할 수 있도록 양옆의 층을 뚫어 오픈한 것이다. 또한 모든 길이 통할 수 있도록 설계했다. 막히는 길 없이 끊임없이 순환 가능한 동선[4]으로 말이다.

미취학 아동인 경우 특별한 외출이 없는 한 영아원에서 머무르는 시간이 많을 수밖에 없다. 그 아이들이 건물 내외부를 거닐거나 뛰놀 때 어딘가 막혀 있다면, 누릴 수 있는 공간은 한정적일 수밖에 없다. 본인이 생활하는 공간으로 되돌아갈 때도 마찬가지다. 어딘가 막혀 있다면 한쪽의 벽을 등지고 걷기 시작해 다른 쪽의 벽을 한 번 바라보고 돌아

---

3 층(層)은 위로 높이 포개어 짓는 건물에서, 같은 높이를 이루는 부분을 뜻한다.

4 동선(動線)은 건축물의 내부 및 외부에서 사람이나 물건이 어떤 목적이나 작업을 위하여 움직이는 자취나 방향을 나타내는 선을 의미한다.

오는 한계를 경험할 뿐이다.

순환하는 길은 그 한계의 폭을 넓혀 준다. 아이들에게 허락된 공간을 최대한 누릴 수 있게 만들었다. 순환하는 길 위에선 반대편을 걷고 있는 친구나 도우미의 존재도 확인할 수 있다. 양쪽으로 오픈된 공간과 순환하는 길. 여기에는 누군가의 시선이 항상 머문다.

또한 기어 다니는 아이들의 시선도 고려했다. 창의 높이를 낮춰 기어 다니는 아이들도 창밖 풍경을 바라볼 수 있게 했다. 그래서 의정부 영아원은 창문의 위치로 층을 예측할 수 없다. 아이들의 눈높이에 따라 창문을 냈기 때문이다. 한 층에 창이 두 개씩 배치된 경우도 있다. 외부에서 건물을 바라보는 사람에게는 건물의 층을 가늠할 수 없어 친절하지 않지만, 거기에서 생활하는 아이들에게는 더할 나위 없는 시선의 자유를 선사한다.

의정부 영아원 및 경기북부일시보호소는 철저히 사용자 중심의 설계다. 아이들의 눈높이, 아이들의 시선, 아이들의 동선을 생각해 설계되었다. 건물 바닥의 데크[5]뿐만 아니라 외피 또한 목재로 처리한 이유도 청소년 갈등을 겪는 아이들의 정서를 편안하게 만들어주고 싶었기 때문이다. 그

---

5 데크(Deck)는 인공 습지를 관리하고 관찰하기 위해서 설치한 인공 구조물이다.

리고 외로움과 투쟁해야 하는 건물 본연의 정서에 목재가 주는 부드러움과 따스함을 입혀 주고 싶었다.

이러한 설계자의 마음이 아이들의 정서와 생활에 배어 영아원과 보호소에서 일말의 '긍지'를 얻을 수 있다면 2002년에 내게 불어닥쳤던 날 선 바람은 따스한 순풍이 되어 내 노년의 의미에 은은한 향기로 불어올 것이다.

첫사랑을 향한 오마주

소망교회

대지 위치 서울시 강남구 신사동 624-36 **대지 면적** 2,443㎡
용도 종교 시설 **연면적** 1차: 3,627㎡, 2차: 6,663㎡ **규모** 지하 2층, 지상 3층
설계 1차: 1980년, 2차: 1987년 **준공** 1차: 1981년, 2차: 1988년

'첫사랑'이라는 단어는 사람의 마음을 살랑살랑 흔든다. 그 흔들림은 나이가 들어도 여전하다. 인생의 여러 사건들 중에 유독 첫사랑이 행복한 기억으로 남는 까닭은 무엇 때문일까. 모두가 말하는 '풋풋함' 때문에? 어쩌면 첫사랑을 오래 기억하는 또 하나의 이유는 이루어지지 않은 사랑이기 때문인지도 모른다.

그러나 나는 첫사랑을 통해 여자가 연애의 대상이기만 한 것이 아니라 극복의 대상임을 배웠다. 넓게는 '어떤 대상을 극복하는 법'을 배운 셈이다. 그 교훈 덕분에 어떤

건축주를 만나도 두렵지 않았다. 극복할 수 있다는 자신감이 있었기 때문이다. 첫사랑 덕분에 나는 건강한 건축가로 성장했다. 소망교회 수련관 건축 허가를 받을 때의 일만 보아도 알 수 있다.

1991년, 광주시청은 대자연에 연면적 14,276,880m² 의 종교 시설을 건축한다는 것에 거부감이 있었다. 담당 공무원과의 대화는 처음부터 매끄럽지 못했다.

"수양관이면 교회만 있으면 되지 식당과 숙소는 왜 필요하죠?" 공무원은 전형적인 교회 건축과는 다른 수련관의 형태를 문제 삼았다.

"예배드리다가 배고프면 먹어야 하고 졸리면 자야죠. 그리고 마틴 루터가 종교개혁을 한 이후로는 정해진 형태가 없습니다."

"규모가 너무 큰 것 아닙니까?"

"3, 4천 명이 모이는 공동체에서 지으면 규모가 큰 것이지만, 3만 명 모이는 교회에서 이 정도 규모로 짓는 것이면 작은 거죠."

그렇게 말하고 나는 한마디를 더 덧붙였다.

"우리가 허가받지 못한다고 해도, 다음에 누군가 허가를 받기 위해 또 올 것입니다."

이 마지막 말에 담당 공무원은 허가를 승인했다.

그동안 다양한 건축주들과 까다로운 심의 과정을 이겨낼 수 있는 힘의 원천은 첫사랑에서 얻은 교훈에 있다. 그 누구를 만나도, 어떤 위기를 만나도 다 '극복'할 수 있을 것이라는 자신감. 이것이 지금의 나를 살아가게 한다.

이별, 그리고 두 번째 사랑

1966년 6월 24일, 어머니가 돌아가셨다. 그때 나는 보았다. 순간 창문을 통해 흰나비가 날아 들어와 어머니 시신 위를 한 바퀴 돌아나가는 것을. 신기한 광경이었다. 그 흰나비는 어머니의 영혼이었을까? 흰나비가 거쳐 간 자리에는 흰 천이 덮였고, 나는 한참 그 자리에서 싸늘하게 식은 어머니와 함께 있었다.

의사는 진작에 어머니가 돌아가실 것이라고 내게 말해 주었다. 그럼에도 불구하고 어머니의 죽음을 '준비'할 수 없었다. 그 사실을 몸과 마음이 받아들일 수 있을 때까지 나는 어머니 곁을 지켰다. 억척같던 삶에 '고진감래'라는 미덕도 허락되지 않다니. 어머니가 입원 중이었던 서울대학교 구병동 중간에 자리한 마당에서 네잎클로버를 찾겠다고 쪼그리고 앉아 바삐 움직였던 내 손의 수고와 시간도 허망하게 지나갔다. 끝내 찾지 못한 희망과 막지 못한 죽음. 하지만 병실에 누워 계시던 어머니는 내게 강력한 기억 하나를 남기셨다.

어머니는 때때로 아침에 의식을 되찾으셨다. 파리하게 가는 의식이 붙잡고 있는 건 큰아들을 향한 애정이었다. 어느 날 아침, 어머니가 넌지시 물으셨다.

"너 대학은 어디 가니?"

고등학교 3학년 아들을 둔 엄마라면 입에 달고 다녔을 이 짧은 질문 한마디를 내뱉기 위해 어머니는 얼마나 많은 시간을 무의식 속에서 사투를 벌이셨을까.

"건축과 가려고요."

"유학을 가면 좋은데."

어머니는 그렇게 답하시고는 한마디 덧붙이셨다.

"독일도 좋다고 그러더라."

초등학교만 졸업한 어머니가 어디서 이런 정보들을 들으셨을까. 유학과 독일. 나는 이 두 단어에서 어머니의 관심과 사랑을 느꼈다.

지금도 종종 어머니의 말씀처럼 유학을 했다면 어땠을까 하는 생각을 한다. 외국에 나가 교육을 받았다면 지금보다 더 잘하지 않았을까, 지금과는 다른 모습의 건축을 하고 있지는 않을까 하는. 그동안 모든 설계에 있어 최선을 다했음에도 불구하고 유학에 대한 미련이 남은 것은 어머니와의 대화 때문일까, 아니면 스스로가 지운 부채 의식일까.

한 가지 분명한 것은, 이 결핍감이 노력하고 생각하며 공부하는 나를 형성하였다는 사실이다. 공부에 대한 열망은 스승을 찾는 여정으로 이어졌다.

미스 반 데어 로에(Mies van der Rohe), 폴 루돌프(Paul Rudolph), 루이스 칸(Louis Kahn) 등 세계적인 건축가들을 리스트업했다. 그들의 건축 세계를 공부하면서 범위를 좁혀 갔다. 그러다가 핀란드의 건축가 알바 알토(Alvar Aalto)를 알게 되었고, 나는 그를 스승으로 선택했다. 다른 건축가들의 작품도 멋졌지만 스케일이 큰 탓에 우리나라의 건축 생태계와는 맞지 않았다. 하지만 알바 알토는 달랐다. 오밀조밀한 스케일에 구리, 벽돌, 목재 등의 사용이 마음에 들었다. 또한 계절에 대한 사유도 우리나라의 사정과 비슷했다. 겨울이 있어 겨울에 대한 대비가 건축에 반영되어 있었다. 그렇게 나의 두 번째 사랑이 시작되었다.

두 번째 사랑을 확인하기 위해 여행을 준비했다. 서른셋에 다시 느끼는 두 번째 사랑은 어쩐지 첫 번째보다 더 강렬한 것 같았다. 더욱이 '해외여행'이라는 단어가 다소 생소했던 1980년에 비행기에 몸을 싣다니! 말 그대로 '하늘을 나는' 기분이 되었다. 마치 사춘기 소년으로 되돌아간 것 같았다. 여기에 나의 유학을 갈망했던 어머니의 소원이 이루어지는 것 같아 더욱더 뿌듯했다. 늘 올려다보던 하늘인데, 비행기 안에서 본 하늘은 너무나 신비로웠다. 새파란 부분은 토지, 구름은 조물주가 설계하여 세운 건축물 같았다. 불규칙한 것 같지만 조화를 이루는 아름다운 하늘의 도시. 부드러운 곡선과 추상적인 형태가 버무려져 있는 구름이라는 건축. 땅에서도 구름과 같은 건축을 할 수 있다면!

그렇지만 땅의 도시가 하늘의 도시만큼 아름다울 수는 없을 것이다. 하늘은 그 자체로 신비롭지만, 땅은 인간의 수고와 고통을 머금고 있다. 태초에 신이 아담에게 말하지 않았나. 평생 땀 흘려 수고하면서 땅을 경작해야 먹고살 수 있다고. 인간에게 땅은 정복의 대상이다. 땅은 신비롭기보다는 치열하고, 고된 장소이다. 인간은 그런 땅에 나와 내 가족이 머물 경계, 즉 집을 지어야만 살 수 있다. 어쩌면 건축가의 사명은 집을 통해 세상을 조금이라도 아름답게 만드는 것이 아닐까.

그렇게 도착한 핀란드 위베스퀼레(Jyvaskyla)에서 드디어 두 번째 사랑과 조우했다. '제1회 알바 알토 심포지엄'에서였다. 이곳에서 나는 세계 건축의 거장들을 만났다. 안도 다다오(安藤忠雄)의 발표도 들었고 핀란드 곳곳에 세워진 알바 알토의 건축물들을 버스 투어로 다니며 관람했다. 만나고 만지고 바라보고 느끼며 두 번째 사랑의 실존을 체험하였다. 그리고 느꼈다.

'아, 이 정도는 해야 하는구나!'

결실을 맺은 두 번째 사랑

실력을 갖추려면 체면보다 용기가 필요하다. 실력자의 작품을 모방하고 공부하고 습작하는 용기 말이다. 밀레는 루벤스의 그림을, 헨델은 바흐의 악보를 카피했다. 습작이 대가(大家)를 낳은 학습의 장이 된 것이다. 나도 그러기로 했다. 내가 스스로 스승으로 삼은 알바 알토의 작품을 각도부터 연구하여 그대로 반영하기로 결정한 것이다. 그 산물은 서울시 강남구 신사동 624-36에서 40년이 넘는 세월을 지내고 있는 소망교회다.

1978년 8월 29일. 서인건축이 시작된 날이다. 최초의 자본금은 모 건축주로부터 받은 계약금 150만 원이 전부였다. 큰 포부를 안고 사무실을 열었지만, 현실은 냉혹했다. 설계 의뢰가 지속적으로 들어오지도 않을뿐더러, 설계 의뢰가 반드시 계약으로 이어지는 것도 아니었기 때문이다. 월급날이 되면 돈을 빌리곤 했다. 그렇게 삶의 쓴잔을 마시던 중에 내 인생을 뒤흔든 행운이 다가왔다. 모든 행운은 우연과 우연이 만들어 낸 타이밍이라고 했던가. 아내의 권유에 의해 참석하게 된 서울부부합창단 모임에서 '금창수' 사장을 만났다.

그는 한창 성장 중인 소망교회의 집사였다. 그의 소개

로 허름한 서인건축 사무실을 방문한 소망교회의 곽선희 담임 목사는 나에게 이렇게 말했다.

"나는 모양은 별로 신경을 안 씁니다. 그저 소리가 잘 나게 이렇게 해 주세요."

곽선희 목사는 '이렇게'라고 말하며 손을 동그랗게 말아 반원을 그렸다. 그 손동작을 따라 나의 눈동자도 움직였다. 아치 형태의 교회를 원한 것이었다.

그 의뢰를 받고 생각했다. 사람들의 취향이나 유행을 타는 건물보다는 십수 년이 지나도 고고한 자태로 서 있을 품위 있는 건물을 만들자! 그동안 진아건축, 공간사, 한국종합건축 등을 거치면서 설계에서부터 시공까지 건축의 모든 과정은 이미 섭렵했으니, 나의 모든 것을 걸고 해내고 싶었다. 또한 나의 스승이자 내 두 번째 사랑인 알바 알토에 대한 오마주(Hommage)가 되길 원했다.

오마주는 '경의의 표시' 또는 '경의의 표시로 바치는 것'을 뜻한다. 예술 작품의 경우에는 존경의 표시로 일부러 어떤 작품을 모방하거나 그 형태를 인용한다. 소망교회는 오마주의 원칙에 따라 알바 알토의 것을 모방, 인용하였다.

소망교회 건축주인 곽선희 목사의 요구인 '아치형'을 구축하기 위해 알바 알토가 설계한 것들을 연구하기 시작했다. 그러다가 발견한 것이 '볼프스부르크 교회(Wolfsburg Curch)'였다. 나는 스승의 이 건축물을 각도에서부터 상징

볼프스부르크 교회(Wolfsburg Curch)

까지 모방했다. 특히 '천국의 열쇠'라는 상징은 소망교회의 창을 설계하는 데 도움이 되었다. 누군가는 베꼈다는 말을 듣고 싶지 않아서 거장의 설계를 모방하지 않을지도 모른다. 그러나 당시의 나는 실력을 갖추는 게 더 중요하다고 생각했다. 거장의 것을 모방하면서 자연스럽게 터득하게 되는 노하우. 이것이 후에 나도 모르게 발휘되는 실력이 될 것을 믿었다.

우리나라보다 수십 년 건축기술과 디자인이 앞선 핀란드, 그것도 세계의 거장 알바 알토의 설계를 모방한 것은 새로운 교회 건축 설계를 우리나라에 소개한 것과 매한가지였다. 새롭고 세련된 디자인이지만 품은 덜 들인, 실속을 차린 설계였다고나 할까.

갑자기 찾아든 행운은 나의 모든 것과 마주하게 했다. 사장으로서의 책임감, 두 번째 사랑을 향한 열망, 체면을 내려놓는 간절함, 그리고 담판을 지을 용기까지. 솔직하게 표현하자면 정말이지 기를 썼다. 기를 쓰고 소망교회에 열중했다. 나에겐, 서인건축에게 소망교회 설계는 유일한 프로젝트였다. 그런데 모 설계사무소에서 소망교회 설계를 진행하고 있다는 소식이 들려왔다. 그 설계사무소의 대표는 나보다 먼저 설계를 시작한 유명하고 실력도 있는 선배 건축가였다. 나는 그에게 찾아갔다. 그리고 부탁했다. 나에게는 유일한 일이니 포기해 달라고. 부끄럽지 않았다. 나의 모

위. 소망교회 외관
아래. 소망교회 내부

든 것을 걸었기 때문이었다.

이후 곽선희 목사의 신뢰를 얻어 15개의 설계를 할 수 있는 기회를 얻었고 소망교회 증축과 소망교회 교육관, 그리고 소망교회 수양관까지 맡아 통일성 있는 소망교회 관련 건축을 완성하게 되었다. 또 소망교회 건축으로 인하여 알바 알토를 공부한 건축가 최동규를 알릴 수 있었다. 스승에 대한 오마주를 통해, 그렇게 갖추게 된 실력을 통해 나의 건축 세계를 구축하게 된 것이다.

알바 알토의 건축 세계는 '비유와 상징'이라 할 수 있다. 볼프스부르크 교회를 통해 나는 '천국의 열쇠'라는 비유를 배웠고, 이로 인해 소망교회 입구에 야긴과 보아스[1]를 상징하는 두 기둥을 세울 수 있었다. 또 화살을 형상화한 구조물을 세워 이 땅에 굳건하게 박힌 말씀의 위력을 표현했다. 무엇보다 건축주의 필요를 충족시킨 둥근 외형을 구축함과 동시에 알바 알토에 대한 존경심도 표현했다는 점이 멋진 성과라고 생각한다.

물론 알려진 바와 같이 이와 같은 성과는 증축이라는 단계를 거치면서 완성된 것이다. 건축 몇 년 만에 교인 수는 2배로 늘었고, 종탑은 땅에 꽂힌 화살의 모습이 되었고 교

1 야긴과 보아스는 솔로몬 성전 현관 입구에 세워진 두 기둥의 이름이다. 야긴은 '여호와가 세우실 것이다', 보아스는 '하나님 안에 능력이 있다'라는 뜻을 담고 있으며, 이는 하나님이 성전의 건립자임을 상징한다.

회는 더 통통하고 긴 형태를 갖게 되었다. 증축함에 있어 교회 장로들의 반대도 있었다. 그때 내가 했던 말은 지금도 잊히지 않는다.

"옷을 입을 때도 기장이 짧으면 단을 풀어서 내서 수선하지 않느냐. 증축이라는 것도 건축의 한 행위이며, 건물은 사람이 사용하려고 짓는 것이니 전혀 상관이 없다."

그렇게 증축한 교회 건물을 40년째 쓰고 있으니 성공한 건축, 성공한 증축이라 믿는다. 감히 '성공'이라는 단어를 붙일 수 있을 만큼 소망교회가 내게 자부심이 된 까닭은 단지 오래 쓰는 건물이기 때문만은 아니다. 세대의 유행을 타지 않는 고고한 디자인이면서도 사용자들의 필요를 충분히 채워주고 있기 때문이다.

소망교회는 바로 옆에 소망교회 교육관을 지었다. 교회와 교육관은 다른 건물이나 한 건물 같은 구조다. 이쪽 건물에서 저쪽 건물로 통로를 통해 이어진다. 이곳 같지만 저곳이고, 저곳이지만 이곳인 구조다. 이 또한 사용자들의 편리를 위함이다. 예배를 드리고 성가대 연습을 하기 위해 밖으로 나가 다른 건물로 이동하지 않아도 된다. 건물 내에서 이동 가능한 동선을 구축함으로 일처럼 느껴질 수 있는 교회 내 활동을 자연스럽게 연결하여 피로감을 줄인 것이다.

또 내가 성가대원이 아니어도, 내가 성경 공부반에 속

한 사람이 아니어도 교회에 발을 들였다면 교육관에 들러 공간을 구경하거나 쉴 수 있다. 닫힌 공간이지만 열려 있는, 교인 모두가 발 디딜 수 있는 공간으로 구성한 것이다. 이런 공간의 구성은 건축주 곽선희 목사의 교회 건축 철학과도 맞닿아 있다고 할 수 있다.

"교회는 아파트 주변에 지어야 해. 아파트에 있는 사람은 20평에서 30평으로 옮기고, 30평에서 40평으로 옮기기 때문에 공간에 대해 개방적이야. 교회를 옮기는 것에 대한 거부감도 없어."

증축과 동선이 연결된 교육관 건축은 막 개발되기 시작한 강남의 도시인 성향을 간파한 건축주의 지혜라고도 생각된다. 조금 확대해서 생각하면, 소망교회는 내게 한 분의 스승을 더 소개해 준 샘이다. 곽선희라는 건축주의 식견 말이다. 이 스승의 식견과 신뢰는 서인건축이 교회 건축을 이어나갈 수 있는 포문을 열어주었고, 그것이 오늘의 서인건축을 서 있게 한 모퉁잇돌[2]이 되었다.

첫사랑의 설렘만큼이나 뜨겁게 시작된 두 번째 사랑. 그리고 그것의 결실, 소망교회. 이 결실은 두 번째 사랑이 낳은 또 하나의 첫사랑이다.

---

2 모퉁잇돌은 건물(성, 집 등)의 모퉁이(두 개의 벽이 직각으로 만나는 곳)에 놓여 벽을 지탱해 주는 큰 주춧돌을 의미한다.

위. 소망교회 수양관
아래. 소망교회 교육관

건축가의 세계관

안목, 노하우, 실력과 같은 단어는 '노련함'이라는 폴더 안에 넣을 수 있다. 노련함은 시간과 열정, 치열한 자신과의 싸움을 통해 성장한다. 그래서 대개는 포기하고 더러는 일생을 건다.

또한 이 노련함은 한 사람이 세상을 살아감에 있어서 가장 중요하다고 생각하고 탐구하는 것, 즉 '철학'이라고도 부를 수 있다. 철학은 직업관으로 발현될 수도 있고, 현상 및 사조를 해석하는 비평적 능력으로 표출될 수도 있다. 작가의 경우에는 문체로, 화가의 경우 화풍으로 드러난다.

내가 탐구하는 대상은 역시 건축이다. 거리를 걸을 때나 운전을 하며 도시를 지날 때, 무의식적으로 내 주변을 감싸고 있는 건축물들에게 시선을 빼앗긴다. 식당을 찾더라도 간판만 보는 것이 아니라 건물 전체의 분위기를 본다. 음식을 먹으면서도 내부의 구조와 인테리어를 살핀다.

어떤 대상이든 비율과 균형을 따지는 것도 직업병인 것 같다. 태어날 때부터 내가 이런 사람이었기 때문에 건축가가 된 것인지, 건축가가 되었기에 비율과 구조를 스캔하는 습관이 형성된 것인지는 잘 모르겠다. 다만 한 가지 확실한 것은 건축이 나의 무의식까지 스며들어 있다는 것, 건축을 통해 세상을 해석하고 바라본다는 것, 나의 세계가 곧 건축이라는 사실이다.

내가 세상을 건축의 세계 안에서 해석하듯, 건축이 나를 해석하기도 한다. 내가 설계하고 지은 건물은 나의 세계를 품고 있다. 화풍과 문체처럼 건축 양식과 특징이 나의 나 됨을 폭로한다.

알바 알토에게 배운 곡선의 사용, 천창을 이용한 빛의 활용, 목재를 사용한 분위기 연출, 백색의 사용, 창을 통해 내부와 외부가 연결된 구조.

이와 같은 특징들이 내 이름 석 자를 대신한다. 건축에 대한 나의 세계관은 설계도에 그려지는 획에도, 창을 통해 들어오는 햇빛 속에도 존재한다. 건축가는 1°와 한 획에도 가치와 이유를 담는다. 건축은 사람의 안전과 생활, 나아가 인생 전반과 연결되어 있기 때문이다.

나의 특징을 잘 드러내는 이런 설계는 최대한 자연이 가진 따뜻함과 부드러움을 공간 안으로 가지고 들어오는 데 목적이 있다. 이것이 건축이 사람에게 베풀 수 있는 배려라고 생각한다.

건축은 오로지 사람을 위한 것이어야 한다.

3장

사유의 건축

건축학이라는 학문, 수없이 오가는 대화들을 통해 발현되는 감정, 준공이 되기까지 꾸준히 발휘되어야 하는 의지. 그렇게 지정의(知情意)라는 사람의 전인격을 통해 비로소 완성되는 한 채의 건물. 그래서 건축은 가장 실용적인 예술 작품이라 할 수 있다.

_〈생각을 짓다〉 중에서

생각을 짓다

서울장신대학교 종합관

대지 위치 경기도 광주군 광주읍 경안리 20-5
대지 면적 62,930m2 **용도** 교육 연구시설 **연면적** 4,993㎡
규모 지하 1층, 지상 4층 **설계** 1993년 3월~1994년 1월 **준공** 1997년 6월
수상 제3회 경기도 건축문화상 대상

나만의 건축 세계를 구축하기 위해 사유하고 탐험한 시간. 그 시간이 없이 그저 계약서에 사인하고 설계를 끝내고 뚝딱 건물을 올리는, 나는 없고 일만 있는 인생을 살았다면 오늘의 나는 어떤 사람이 되어 있을까. 이야기나 표정 없이 똑같은 얼굴로 서 있는 도시의 수많은 건축물처럼 그저 그런 존재가 되어있을지도 모르겠다. 또한 나의 건축물도 어느 순간에 허물어지는 소비재로서의 운명을 벗어나지 못했을 것이다.

소비재란 무엇인가? 개인의 욕망을 직접적으로 충족

하기 위해 소비하는 모든 것이다.

건축은 인간의 욕망을 충족시키며 소비되는 소비재의 핵이다. 먹고 자고 배변하는 인간의 모든 본능적 욕구를 해소하는 공간이기 때문이다. 또 생육하고 번성하는 장소다. 현대인은 거주하는 집의 면적과 높이, 소유하고 있는 건물의 숫자로 자신의 세를 입증한다. 이런 측면에서 보면 건축은 인간 욕망의 핵이 될 수도 있다.

현대 사회의 인간에게는 이름 석 자를 남기는 것보다 한 채의 집, 몇 평의 땅이라도 남기고 가는 것이 삶의 최종 목표이자 목적이 된 것 같다. 그러나 대다수의 사람은 한 채의 집도 남기지 못한다. 반면 소수의 사람은 수십 채의 집을 남긴다.

특히 마천루[1]가 발달한 나라는 어쩔 수 없이 건물주가 조물주가 된다. 고층빌딩이란 게 인간의 부와 욕망의 상징이기 때문이다. 그 옛날 태고의 인간들도 '바벨'이라는 하늘에 닿는 탑을 짓다가 신의 분노를 사지 않았던가. 신과 같이 되고자 하는 욕망이 높은 건물을 짓게 한다면, 가장 높은 건물을 소유한 사람이 인간의 세상에서 조물주가 맞다. 신이 될 수 없는 인간의 신이 되기 위한 노력, 이 욕망이 건축을 발전시키고 있는지도 모른다. 그래서 세계 각국은 초고

---

1 마천루는 하늘을 찌를 듯이 솟은 아주 높은 고층 건물을 뜻하는 말이다.

층 건물을 지어 나라의 부와 기술을 선전한다. 초고층 건물은 그 나라를 알리는 하나의 제스처이기 때문이다.

높은 곳에 대한 인간의 욕망은 국가의 총력을 기울여 마천루를 짓게 한다. 이는 국가의 기술을 테스트하는 장이자 그것을 과시할 수 있는 최고의 상징이다. 한 채의 고층건물은 인간의 모든 종류의 욕망을 골조[2]로 삼아 단단하게 서 있는 것인지도 모르겠다.

이런 측면에서 마천루는 천민자본주의의 상징이기도 하다. 역사의 층이 두껍고 사색과 문화를 즐기는 유럽의 나라들에는 고층건물이 많지 않다. 부를 과시하는 것보다 정신과 문화를 향유하는 것에 더 가치를 두기 때문일까?

이처럼 건축은 한 나라에 흐르고 있는 정신사적 가치를 상징하기도 한다. 그래서 건축가는 끊임없이 공부해야 한다. 건축은 그저 먹고 자고 지내는 공간 그 이상의 의미들을 함축하고 있기 때문이다.

단순히 몸의 보호만을 위한 공간이 아니라 욕망과 가치라는 내적인 욕구도 채워지는 공간, 그때서야 우리는 비로소 정서적 편안함을 느낀다. 여기까지가 건축이 인간에게 선사할 수 있는 미덕이다.

---

2 골조는 건물의 뼈대를 뜻하며, 건축물에 작용하는 하중을 견디는 구조로 이루어져 있다.

나는 이 미덕을 실천하기 위해 '공부, 사유, 탐험'을 지속한다. 노력의 양이 어느 정도 쌓이면 한 단계 업그레이드가 된다. 이 단계 위에 또 다른 질의 공부와 사유, 탐험을 쌓으며 인생은 흘러간다. 그렇게 쌓아온 세월 덕에 이제 나는 조금 여유가 생겼다. 이제는 설계 단계에서 고민이 생겼을 때 착상의 과정이 그리 어렵지 않다. 그저 끊임없이 생각할 뿐이다. 생각의 끝에는 언제나 답이 있다는 믿음, 내 생각과 감각을 탐험하는 끈기. 어쩌면 이것을 획득하기 위해 수많은 시간을 보냈는지 모른다. 생각하는 힘, 건축에 있어 설계는 '건축가의 생각을 파는 것'이다.

사유는 눈에 보이지 않는 무형의 정신적 활동이라서 활동을 하고 있어도 티가 나지 않는다. 그래서 세상의 많은 예술가들은 사유의 산물인 작품을 내어놓기까지 오해를 받는다. '아무것도 하지 않는 한량' 따위로. 하지만 꼭 인류사에 획을 그은 예술 작품을 남기지 못하더라도, 생각하는 많은 창의적인 무명의 예술가들이 구석구석에서 거칠고 메마른 삶을 닦고 있다. 이런 면에서 유명하든 무명하든 세상을 이롭게 한다는 점에서 사유하는 자들의 기여도는 같다.

사람들은 흔히 건축을 '종합예술'이라고 한다. 설계 단계에서부터 구조와 기능의 미를 생각해야 하고 시공 단계에서는 구도와 조망 등을 고려해야 한다. 시공을 마치면 인테리어라는 이름으로 여러 미학적인 요소들이 배치된다.

이뿐만이 아니다. 하나의 건물이 준공되기까지 수많은 문서가 오가고 협의와 협상이라는 지적 행위가 지속된다. 인간이 발휘할 수 있는 거의 모든 활동이 건축 안에 담긴다 해도 과언이 아니다. 인간의 세 가지 심적 요소인 지정의(知情意)가 모두 소비되기 때문이다.

건축학이라는 학문, 수없이 오가는 대화들을 통해 발현되는 감정, 준공이 되기까지 꾸준히 발휘되어야 하는 의지. 그렇게 지정의(知情意)라는 사람의 전인격을 통해 비로소 완성되는 한 채의 건물. 그래서 건축은 가장 실용적인 예술 작품이라 할 수 있다.

건축, 자연에 기대다

1993년, 나는 서울에서 경기도 광주를 오갔다. 서울장신대학교 종합관 설계와 건축을 위해서다. 내가 설계하고 지어야 하는 건물을 둘러싸고 있는 모든 환경과 그 환경의 아우라를 결정하는 그곳만의 분위기는 내게 힌트가 되기 때문이다. 또한 대지의 조건, 타 건물들과의 조화, 태양의 위치 등을 고려해야 하므로 철저한 현장 점검은 필수다. 때로는 대지의 기운이 착상을 촉진시키기도 한다. 최대한 현장에서 많은 정보를 수집해야 한다. 정보라는 재료가 많을수록 생각의 가지들이 많아지기 때문이다. 정보를 분석하고 해석해야 생각이라는 가지에 아이디어라는 봉오리가 솟는다.

서울장신대학교 종합관은 도서관, 식당, 강당이 혼재하는 공간이어야 했다. 대지는 상당한 경사지였다. 어떻게 세 가지 공간을 경쾌한 동선으로 설계할 수 있을까. 경사지를 오르내릴 학생들의 힘겨움을 어떻게 건축이 덜어줄 수 있을까. 어떻게 하나의 공간이면서도 세 가지의 분위기가 자연스럽게 공존하는 멀티플레이스를 구축할 수 있을까. 서울과 광주를 오가는 길 위에서, 새벽녘 어스름한 기운이 맴도는 서재에서, 책을 읽다가도 '어떻게'에 집중했다.

꼭 책상에 앉아 필기를 하거나 스케치를 해야 무언가를 지속하고 있는 것이 아니다. 사유라는 무형의 세계에서 답을 찾을 때까지 수없이 건물을 짓고 허물었다. 그러다 보면 어느 순간에 섬광처럼 이미지가 떠오른다. 순식간에 찾아드는 그 생각, 바로 '영감'이 찾아오는 것이다.

벼락같이 내린 영감을 붙잡고 나면 다음은 쉽다. 모두가 볼 수 있는 행위를 하면 된다. 내가 놀고 있지 않았다는 걸 증명할 기회다. 생각이라는 관념을 눈으로 볼 수 있게 구체화하는 것, 스케치를 하고 도면을 그리는 것이다. 무형이

서울장신대학교 종합관 전경

서울장신대학교 종합관 내부

유형이 되는 순간, 건축가의 손에 잡힌 연필은 마치 세상에 없던 것을 창조하고 있는 조물주의 지휘봉과 같다. 이 순간만큼은 조금 우쭐함에 빠져도 된다. 계획을 완성하고 나면 사유의 세계를 빠져나와 전쟁 같은 현실에 서서 협의, 협상, 심의, 회의, 판단, 평가 등과 맞서야 하기에.

서울장신대학교 종합관 설계 시, 나에게 떠오른 이미지는 '개미'였다. 개미는 머리, 가슴, 배로 나뉘어 있으며 아무리 경사가 높고 험준해도 균형을 잃지 않고 오를 수 있는 세 쌍의 다리와 강인함을 느끼게 해 주는 잘 발달된 턱이 있다. 또한 자신의 몸무게에 수십 배에 달하는 무게를 옮길 수 있는 힘을 가진 곤충이다. 이와 같은 개미의 일반적인 특성이 사유의 필터링을 거쳐 건축이 됐다.

먼저 작은 곤충에 불과하지만, 힘을 쓸 수 있으며 부지런하다는 점이 대학의 종합관이 지닌 의미와 맞닿는다. 미성년자를 갓 벗어난 스무 살에서부터 군대를 다녀온 이십 대 후반, 나아가 조금 더 나이를 먹은 대학원생들은 학생이라는 신분을 갖는다.

학생이라는 신분에는 다소 중간계적 특징이 있다. 사회인이면서도 사회의 보호를 받는다. 성인이지만 그들만이 누릴 수 있는 사회적 혜택이 있다. 아직은 사회 안에서 작은 존재다. 그래서 힘써 배우고 부지런히 공부해야 한다. 작은 곤충이지만 부지런한 개미는 대학생이라는 신분적 특징과

닮아 있다.

무엇보다 내 무릎을 치게 한 것은 개미의 '몸'이었다. 머리, 가슴, 배로 분절되어 있지만 유기적인 개미의 몸. 세 가지 공간이 한 공간에 있어야 하는 학교 건축에 어울리는 아이디어였다. 강의를 들음으로써 지식으로 '머리'를 채우고, 도서관에서 자기 개발을 위한 공부를 하면서 '가슴'을 채우며 식당에서는 '육신(배)'의 허기를 채우는, 분절되었지만 하나인 공간을 말이다. 설계는 개미라는 보조관념을 입고 종합관이라는 원관념을 향해 진행되었다. 장신대학교 종합관에 대한 나의 사유 스케치는 다음과 같다.

> 각 공간은 기능과 특징이 있고 이를 잘 살려주면서 조화시키는 것이 당연히 중요한데, '분절'은 이러한 맥락에서 도출된 설계 개념이다. 마치 개미가 명확하게 분절된 여러 개의 몸통으로 구성된 것처럼 나는 분절된 공간들의 집합이 만들어 내는 유기체를 구현하고자 했다.
>
> – 서울장신대학교 종합관에 관한 메모 중에서

20년 전에 준공된 종합관은 현재 곳곳에서 세월의 흔적이 발견된다. 이곳을 거닐 학생들의 경쾌한 발걸음을 위해 복도 어디에서든 쏟아지는 햇살을 받을 수 있도록 창을 설치했으나 현재는 막혀 있는 곳이 더러 있다. 깔끔하고 휜

했던 모습도 사라졌다. 사용에 있어 그 필요도에 따라 변화가 생기는 것은 당연하다.

그러나 변화되지 않은 한 가지. 분절된 개미의 몸을 비유한 상징. 이것은 여전히 잘한 선택이며 멋진 사유의 결과라고 생각한다. 이곳에서 부지런히 머리, 가슴, 배를 채웠을 학생들을 떠올려 본다.

더사랑의교회

빛, 그리고 소통

더사랑의교회

대지 위치 경기도 수원시 영통구 광교 중앙로 260번지
대지 면적 2,372㎡ **용도** 종교 시설 **연면적** 12,202㎡
규모 지하 4층, 지상 8층 **설계** 2010년 **준공** 2013년
수상 2013 한국건축문화대상 우수상, 2015 경기도 건축문화상 입선

자연은 참 신비하다. 분절되어 있지만 하나인 형태는 신비 자체다. 각 객체의 생김과 필요에 따라 달라지는 조합과 모양들은 인간의 상상력을 뛰어넘는다. 사람의 다리와 팔의 모양은 길이의 차이, 살갗의 차이 등의 다름이 있지만, 기본 형태는 모두 같다. 자연의 세계에서는 팔다리의 모양도 창의적이다. 전체의 생김과 필요에 따라 다리의 개수가 달라지고, 모양이 달라진다.

보호색이라는 개념은 또 어떤가. 존재를 숨김으로써 존재하는 아이러니 역시 신비의 영역이다. 컴퓨터 그래픽

프로그램들이 자연이 만들어 내는 이와 같은 색의 신비를 재연해 낼 수 있을까. 꽃잎 한 장에 정교하게 표현된 그라데이션, 공작새의 빛나는 날개를 수놓고 있는 빛깔, 동물의 가죽 위에 수놓아진 기하학적 무늬와 털의 질감, 곤충의 더듬이가 그리는 곡선의 각도는 또 어떤가. 컴퓨터가 빅데이터(Big Data)를 기반으로 인간과의 바둑 대결에서 승리할 수는 있어도, 인간의 삶의 감싸고 있는 자연을 대신할 수는 없을 것이다. 그래서 사람이 자연을 바라볼 때 안정감과 편안함을 느끼는 것인지도 모르겠다. 인간과 과학이 넘볼 수 없는 영역이기에 기댈 수 있는 최후의 보루인 까닭이다.

경기도 영통구 광교에 있는 '더사랑교회'도 자연에 기댄 건축물이다. 더사랑교회는 경기 설계[1]였기 때문에 경쟁자가 있었다. 특별하지 않으면 승리할 수 없는 링 위에 선 것이다. 물론 특별함만을 위해 자연에 기댄 것은 아니다. 더사랑교회의 모든 조건을 판단하고 사유한 결과다. 결론적으로 자연 친화적 착상은 옳았다고 본다. 더사랑교회가 세워진 광교라는 도시의 자연적 특성과 대지의 조건, 교회가 갖는 사회적 상징 및 이미지와 맞아떨어지기 때문이다.

---

1 경기 설계(競技設計)는 지명된 자만 응모하게 하는 지명 설계와는 달리 복수의 설계자로부터 안을 모집하고, 심사에 의해 적절한 설계안을 선정한다.

광교는 광교산과 저수지, 유원지 등 자연 경관이 뛰어난 서울 근교의 신도시다. 계획적으로 개발된 도시인만큼 신분당선이 연결되어 있고 경부고속도로, 용인서울고속도로, 영동고속도로가 또한 지나가는 교통의 요충지다. 전원을 누리고자 서울에서 이주한 은퇴자나, 서울보다 상대적으로 저렴한 집을 구하려는 신혼부부가 많다. 전체적으로 유니크하고 발랄한 분위기의 도시다.

이처럼 젊고 경쾌한 분위기의 도시에, 그것도 지하철 광교역에서 가까워 유동 인구가 많은 상업 시설들이 즐비한 곳에 종교 시설을 세우게 된 것이다. 고민이 컸다. 거기다 한쪽 면만 상업 시설과 맞닿아 있고, 나머지 면은 완전히 오픈되어 있는 대지의 조건은 더욱 감각적인 건축을 해야 한다는 압박으로 다가왔다. 또 도로 하나를 사이에 두고 이쪽은 교회이고 저쪽은 아파트 단지인 입지 조건 때문에 감각적이되 너무 화려하게 지어서는 안 되었다.

화려함이 지나치면 지역 사회로부터 환영받지 못한다. 주변 환경과의 조화를 고려하는 것은 당연하다. 일례로 용인에 있는 한 대형 교회는 전면을 반사 유리[2]로 시공했다가 반대편에 위치한 아파트 주민들의 민원에 시공을 다시

2 반사 유리는 투명 유리 표면에 금속질의 얇은 막을 붙여 태양광의 반사율을 높인 유리로, 건축물의 냉난방 부하의 경감 효과가 있고, 외부에서 거울처럼 보이는 특징이 있다.

한 적이 있다. 교회의 반사 유리에 각 세대의 내부가 비쳐 문제가 되었기 때문이다.

또한 삼각형의 모퉁이 땅, 삼면이 오픈된 땅을 활용하는 것도 고민이었다. 지역 사회와 어울리는 건물을 짓기 위해 오히려 그 조건을 적극적으로 활용하기로 했다. 우선 삼각형 모퉁이 땅을 해결하고자 했다. 땅의 모양은 건축의 형태를 결정하기 때문이다. 삼각형의 앞쪽은 횡단보도와 맞닿아 있어 그곳에 지어지는 건축은 한 블록의 시작점이자 그 블록의 첫인상을 결정짓는 관문과 같았다. 아름다운 건축을 해야 하는 또 하나의 이유였다. 삼각형 대지를 품을 수 있는 대상을 찾아야 했다. 서울장신대학교 종합관의 경사진 대지를 개미의 곡선이 품어냈듯이 이번에도 대지의 조건을 딛고 일어설 수 있는 그 무엇이 있다고 굳게 믿었다. 사유의 힘에 의지해 끈질기게 생각했다. 그러다 떠오른 것이 '비상하는 비둘기'였다.

'비상하는'이라는 수사(Rhetoric)는 '분립 개척한 교회'라는 정체성을 껴안는다. 교회는 땅에 존재하지만 하늘의 법을 지향하는 공동체다. 자유와 평화를 위해 끊임없이 비상을 시도하는 것이 종교의 미덕이다. 또한 분립 개척한 신생 교회가 미래를 향해 비상을 꿈꾸는 건 당연한 일이다.

또한 비둘기는 도시에서 사람들과 함께 사는 새다. 구도심지보다는 어딘가 자유분방한 분위기를 연출하는 신도

위. 더사랑의교회 로비
아래. 더사랑의교회 삼각형 대지 활용 모습

시라는 특성을 비둘기의 이미지가 대변할 수 있다고 보았다. 비둘기의 단정한 회색빛 색감도 주변과의 조화를 이루는 데 한몫했다.

세로로 긴 삼각형의 꼭짓점은 날카로워 긴장감을 형성한다. 그 긴장의 선상에 비상하는 비둘기의 머리를 배치했다. 이 배치만으로도 많은 문제가 해결되었다. 고개를 쳐들고 뾰족하게 솟은 부리로 하늘을 찌르며 날고 있는 비둘기의 얼굴이 맞이하는 블록. 도시의 한 구역을 여는 첫인상으로 유니크하지 아니한가.

삼각형의 꼭짓점 부분이 비둘기의 얼굴이라면, 일정한 각도로 퍼지기 시작하는 가운데 부분은 비둘기의 배다. 통통한 유선형 배를 건축에 그대로 적용했다. 예배당은 교회의 핵심이자 사람들이 가장 많이 모이는 장소이기에 비둘기의 몸 중에서 가장 많은 면적을 차지하는 배 부분에 배치했다. 든든하게 배가 채워지면 활력 있고 건강한 하루를 보낼 수 있다. 영혼의 양식은 예배당에서 선포되는 말씀을 통해 제공된다. 성도의 삶도 배가 든든해야 한다. 이렇게 젊고 유니크한 신도시의 분위기에 걸맞은 아름다운 건축물이 완성되었다.

비둘기가 하늘로 상승하는 모습을 연상하면서 만든 한편, 기능적으로는 한국식 교회 타이폴로지를 어떻게 구현할

지에 대해 깊이 고민했다. 모든 건축이 그렇듯, 교회 역시 시대에 맞게끔 새로 디자인될 수밖에 없다. 예전에는 예배당이 따로 있고 교육 공간 역시 따로 있었다면, 이제는 예배당, 카페, 교육실, 주차장, 식당, 휴게실, 음악당 등의 다양한 프로그램들을 좁은 공간에 밀집시켜야 하는 필요에 직면한다. 말하자면 하이브리드 공간인데, 1980년대의 소망교회가 그러했던 것처럼 어떤 면에서는 한국 사회에 요구되는 교회의 전형은 서인건축의 역사인 40년간 지속적으로 유지되고 있는 셈이다. 수많은 '근생[3]' 건물이 그렇듯, 현대 한국에서의 교회는 수평이 아닌 수직이 주요한 방법론이 되었다. 우리는 이러한 변화들을 생각하며 다시 한번 랜드마크적인 상징성을 부여하고자 했다.

– 더사랑의교회에 관한 메모 중에서

넓찍한 교회 마당을 지나 내부에 들어올 때, 문 하나를 두고 외부에서 내부로 공간이 이동되지만 체감되는 이질감이 적다. 교회의 내부라고 해서 어두컴컴하거나 삼엄한 느낌이 들지 않기 때문이다. 바깥의 햇살과 동일한 질감의 빛이 교회 홀에 가득하도록 설계했다. 빛의 경호를 받으며 교회 안으로 걸음을 옮기면 카페에서 풍기는 향긋한 커피 향

3 근생이란 용도별 건축물 분류에 따른 용어로 상가를 뜻하는 말이다.

에 매료된다. 그렇게 카페에 당도하면 몬드리안의 그림을 떠올리게 하는 형형색색의 반투명 유리가 자아내는 아름다운 분위기에 또 한 번 매혹된다.

이 반투명 유리 벽은 지하 주차장과 면하고 있다. 카페의 한쪽 면을 반투명 유리로 마감하여 안과 밖의 경계를 모호하게 함으로 햇살이 주는 미학적 혜택을 누리게 한 것이다. 시커먼 지하로 진입하는 주차장의 사방은 막혀 있기 마련인데 형형색색의 유리를 통과한 빛이 지하를 통해 교회로 들어오는 사람들에게도 전해진다.

또한 데크와 선큰[4]을 이용한 동선도 사용자인 성도들에게 많은 호응을 얻는다. 내부와 외부의 공간을 데크와 선큰을 이용하여 연결하였는데, 거의 층마다 내외부가 통하는 계단이 있다. 데크, 선큰, 그리고 계단은 예배 후 한꺼번에 빠져나오는 군중을 분산시키는 역할도 하지만 휴식과 친교의 장소가 되기도 한다. 승강기 옆에도 조그마한 공간을 마련하였는데 이것 역시 예배 후 사람들이 몰리게 될 때 기다리고 쉬어 가라는 공간적 배려다. 대부분은 바로 집에 가지 않고 삼삼오오 모여서 친교 활동을 하기 때문에 이를 '머무르는 동선'이라고 이름하였다.

---

4 선큰(Sunken)은 지표 아래에 있고 외기(外機)에 개방된 공간으로 건축물 사용자 등의 보행·휴식 및 피난 등에 사용된다.

6층에 위치한 식당은 노골적으로 머무르게 하는 공간이다. 그저 배를 채우고 대화를 나누는 '밥을 먹는 공간'이 아니다. 성도들의 정서를 채운다. 그 어떤 레스토랑 못지않은 경관이 일주일 동안 사회에서 쌓인 스트레스를 풀어주는 것만 같다. 탁 트인 통유리, 유리를 통해 들어오는 햇살. 햇살의 질감이 주는 따스하고 평화로운 느낌을 누비며 밥을 먹는다. 여기서 다가 아니다. 식당은 야외 정원과 연결되어 있다. 도심에서 자연을 누리는 것이다. 눈앞에는 하늘이, 발아래에는 정원의 흙이, 저 너머에는 나와 함께 신앙생활을 하는 가족과 친구가 있는 공간. 사람과 하늘, 바람과 음식이 공존하는 공간은 사람의 정서를 치유한다. 더불어 지하에는 어린이들이 마음껏 뛰어놀 수 있도록 별도의 공간을 마련했다. 이 공간 역시 외부의 계단으로 연결이 된다. 엘리베이터를 타지 않아도 하나의 동선을 따라 내려오거나 올라갈 수 있다. 사고 등 다급한 경우에 계단을 이용한 유기적인 동선들은 유익하게 쓰일 것이다.

더사랑의교회는 시대의 요구에 의해 변화된 교회 건축의 기능을 충족시키면서도 비유와 상징의 옷을 입은 이야기가 있는 건물이다. 게다가 예배당, 목양실, 당회실, 방송실, 소그룹실, 주차장 등 필요에 의한 공간은 수직으로 쌓아 완성했지만 수직적 구조의 삭막함을 동선의 소통으로 풀어냈다. 이른바 '용(用), 체(體), 미(美)'를 두루 갖춘 좋은

위. 더사랑의교회 카페 내부
아래. 더사랑의교회 식당과 야외 정원

건축인 것이다. 이러한 면을 인정받아 더사랑의교회 건물은 2013년 준공과 동시에 '한국건축문화대상 우수상'을 받아 광교의 랜드마크로서의 위상을 확고히 했다.

층으로 막혀 있으나 열린 공간인 더사랑의교회. 만약 더사랑의교회에 한 줌의 공기라도 있다면 이 열린 동선을 통해 계속해서 순환할 것이다. 순환은 곧 소통이며 또 생명이다. 이처럼 건축에 있어서 동선의 활용을 통해 공간끼리 소통한다면 건축물에도 생명을 부여할 수 있을까? 한순간만이라도 그럴 수 있다면, 그래서 건축과 대화할 수 있다면 이렇게 묻고 싶다. 나로 인해 행복하냐고. 그리고 이렇게 말해 주고 싶다. 나는 너로 인해 행복하다고.

번쩍! 들어 올리다

녹산교회

대지 위치 서울특별시 도봉구 방학동 706-2
대지 면적 4,137m² **용도** 문화 및 집회 시설 **연면적** 27,819,27m²
규모 지하 4층, 지상 15층 **설계** 1993년 **준공** 2005년

"알바 알토한테서 그만 빠져나오지?"

누군가 내게 한 말이다. 내가 알바 알토라는 아주 든든한, 또 극복하기 힘든 스승을 마음에 두고 있다는 것은 잘 알려진 바다. 그에 대한 오마주로 완성한 건축물, 소망교회를 시작으로 최동규라는 브랜드가 시작되었다고 해도 과언은 아니다. 그래서 알토에게서 빠져나올 것을 권하는 말을 들었을 때, '언제가 될지 모르겠지만 자연스럽게 빠져나오게 되길 바란다'고 답했다.

설계에 있어서의 과정이란 훈련과 경험, 성과일 것이

다. 소망교회가 지붕 형태의 곡선 비율, 조명 기구, 타일 디자인 등 알바 알토의 볼프스부르크 교회를 철저하게 분석, 참고하여 완성한 오마주라면, 이후의 설계는 그의 영향력 아래 있었으나 조금씩 나의 것을 찾아가는 과정이었다고 본다. 그에게서 배운 빛의 활용, 자유로운 곡선의 활용, 사용자인 인간에 대한 배려 등을 응용하며 그에게서 벗어나는 '자연스러운 순간'을 기다린 것이다. 그 시간은 생각보다 길었다. 15년이란 세월을 그와 함께 보냈다. 사실 지금도 완전하게 그에게서 벗어나지는 못했지만 그래도 벗어나기 시작했다고 느낀 시점은 사유를 통해 건축에 비유와 상징의 옷을 입히면서부터다. 그중 가장 강렬하게 그런 생각을 한 것이 녹산교회 건축 때다.

녹산교회 건축 과정을 가장 강렬하게 알토에게서 벗어나는 시점이라고 느끼는 이유는 나의 한계를 들어 올리고 알에서 부화한 듯한 내적 감흥을 느꼈기 때문이다. 재미있게도 '들어 올림'과 '알'의 이미지는 녹산교회를 설계하고 건축하는 데 있어 핵심 이미지가 되었다. 건축이 내게 와서 말을 건 것인지도 모르겠다. 확실한 것은 이 시기에 내가 알바 알토에게서 자연스럽게 벗어나기 시작했다는 사실이다. 녹산교회 건축 과정에서 나는 내 한계를 재설정했다. 쉽지 않았다는 뜻이다. 1993년 설계, 2005년 준공. 이 숫자들도 이를 증명한다.

초대형 교회 프로젝트다. 8천여 평의 대지에 최대 5천 명을 수용해야 한다는 요구사항은 사실 엄청난 숙제로 다가왔고, 나는 이를 고민하던 과정에서 역도선수가 무거운 역기를 높이 올리는 상황을 떠올렸다. 저층부에 위치한 타원형의 예배 공간이 선수의 머리라고 한다면, 양옆에서 위로 솟구치는 수직 매스는 양팔과도 같다. 무거운 프로그램(숙제)을 성공적으로 해결했다는 것을 표현하고 싶었다. 처음에 이 프로젝트는 정림건축에서 계획하였지만, 건축주는 그 결과에 대해 만족하지 않은 채 우리에게 왔고, 결국 건축주는 나의 제안을 수용했다. 단일 건물로 기둥 없이 48m의 스팬을 가진 것 자체가 이례적이었고, 따라서 디자인뿐만 아니라 구조적으로 해결해 나가는 과정에 많은 공을 들인 건물이다. 철골 톤수로만 감안할 때 엄청난 양이 투입됐고, 본 건물을 시공하는 과정에서 건설사도 2번이나 바뀐, 복잡한 사연이 담긴 작품이다.

–녹산교회 건축 당시 메모 중에서

비교적 덤덤한 문체로 썼으나, 지금 보니 문장에 포함된 '엄청난', '고민', '무거운', '이례적' 등의 단어가 눈에 들어온다. '8천여 평의 대지, 수용인원 5천 명, 사무실 공간과 집회 공간의 완벽한 분리'라는 건축주의 요구, 타 업체에서

'알'의 이미지를 구현한 녹산교회 외관

진행하던 설계의 무산 후 서인건축이 맡게 된 상황 등이 부담되었던 것 같다. 서울시립대 김성홍 교수가 총괄 기획한 '2016 베니스비엔날레 국제건축전'의 〈용적률 게임〉이라는 책자에 등장할 만큼 건축의 결과가 좋았음에도 메모에는 과정의 힘겨움이 고스란히 남아있다.

줄탁동시(啐啄同時). 알 속의 병아리와 어미 닭이 동시에 알껍데기를 깨는 것을 뜻하는 사자성어다. 내부 영역과 외부 영역이 적절히 작용해야 생명이라는 가치가 창조된다는 비유로 쓰인다. 알바 알토로부터 빠져나오려는 나의 노력과 녹산교회 건축 과정에서 불어닥친 난관이 10여 년의 시간을 거쳐 나를 두드렸고 끝내 나는 알을 깨고 나올 수 있었다.

준공이라는 희열의 빛 앞에서 나는 청동색 알이 품은 집회 공간과 그 위로 들어 올려져 분리된 수직형 오피스 공간을 보았다. 그것은 건축주의 모든 필요와 나의 한계라는 양쪽의 바벨을 번쩍 들어 올린 결과물이다.

한 잔의 따뜻한 커피 같은

약수교회

대지 위치 서울시 중구 신당3동 372-87 **대지 면적** 2,669m²
용도 문화 및 집회 시설, 교육 연구 및 복지 시설 **연면적** 9,793m²
규모 지하 4층, 지상 4층 **설계** 2006년 **준공** 2010년
수상 2009 국민교회 건축상 동상

우리나라 사람들이 365일 중 353일 커피를 마신다는 기사를 본 적이 있다. 정확히 언제부터 커피가 우리 생활에 깊숙이 들어왔는지는 알 수 없으나 유현준 교수는 사람들이 카페를 찾는 이유를 공간의 문제로 설명한다.

> 부모와 살면 친구를 집에 초대할 수 없고, 원룸에 살면 공간이 작아 초대할 수가 없다. 상황이 이렇다 보니 어디 편하게 앉아서 친구와 이야기를 나누려면 한 끼 식사비 정도로 비싼 커피값을 지불하고 카페에 앉아야 한다. 우리

가 사는 현대 사회는 공간을 즐기려면 돈을 지불해야 한다. 그게 집값이든 월세든 카페의 커피값이든 마찬가지다.

–『어디서 살 것인가』, 유현준, 을유문화사, p.91

물론 카페에서 커피만 판매하는 것은 아니다. 따라서 커피 소비의 증가와 사람들이 카페를 찾는 이유가 반드시 비례하지도 않는다. 그러나 카페나 커피 모두 '여유', '쉼', '관계'라는 단어와 연결된다. 그 때문에 유현준 교수도 '카페에서 커피값'이라고 표현한 것인지도 모르겠다.

언제부터인가 교회들이 내부에 카페를 들이기 시작했다. 일부 대형 교회들이 전도 혹은 지역 사회와의 호흡을 위해 열었던 카페가 이제는 교회의 필수 공간으로 자리 잡아 가고 있는 듯하다. 출석 교인들의 친교와 성경 공부를 위한 공간으로도 활용도가 높다는 장점이 있기도 하다.

건축가로서 교회 건축은 지역 사회와 관계를 맺는 공간을 갖추는 편이 좋다고 생각한다. 카페나 도서관, 독서실이나 유치원 등이 그것일 것이다. 교회가 주변의 필요를 공간의 혜택으로 채워 주는 것이다. 상가 교회를 제외하고 대부분의 단독 교회는 천 명 이상의 사람을 수용할 수 있는 규모다. 주변의 단독 건물보다 교회 건물이 상대적으로 클 확률이 높다. 대개는 예배를 드리는 날에만 사용이 되거나 성도들에게만 오픈된 경우가 많은데, 이런 큰 공간을 지역 사회와 공유한다면 교회 건축물에 대한 위화감도 어느 정도 사라질 것 같다.

애초에 약수교회는 지역 사회와의 연대를 염두에 둘 수밖에 없었다. 큰 도로에서 주거 지역으로 깊숙이 들어와 있는 대지 조건이 자연스럽게 주변을 돌아보게 했다. 평범한 주택들이 즐비한 곳이었기에 교회는 수직이나 수평처럼 고착된 건축으로 하고 싶지 않았다. 이질적이지 않으면서도 주변을 포용하는 건축물이 되길 바랐다. 또한 지역 사회와 관계를 맺는, 낮고 열린 교회를 만들고 싶었다. 이를 위해 역시 카페를 들여놓았다.

접근성이 좋은 약수교회의 카페

카페는 설계도상으로는 지하 1층이라 지하 주차장과 면하고 있지만, 주요 건물과 브리지로 연결하여서 일종의 별채 느낌을 주었다. 그래서 지하지만 지상을 누릴 수 있다. 또한 어린이집과 도서관도 운영하며 지역 사회와 공간의 혜택을 나누고 있다. 그런데 공간은 반드시 카페, 어린이집, 도서관처럼 기능이 있어야만 하는 것일까? 공원을 생각해 보자. 우리가 공원을 찾는 이유는 그곳에서 피크닉이나 운동, 데이트 등을 할 수 있기 때문이기도 하지만 풍경이 주는 아름다움 그 자체 때문이기도 하다.

그런 면을 약수교회도 가지고 있다. 교회는 골목의 야경을 담당한다. 골목길을 지나는 학생들에게, 여인들에게 밝음을 제공하고 밝음과 동시에 아름다움이라는 감정을 누리게 한다. 특별히 '약수교회'라는 교회명(간판)을 별도의 청탁을 통해 깔끔한 타이포그래피로만 제작하였는데, 저녁에는 하부 조명을 받아 아름답게 빛난다. 그 때문에 교회 광장은 저녁이 되면 자연스럽게 주민들의 휴식처이자 모두를 위한 열린 공간이 된다. 그야말로 지역 사회와 함께 사는 교회 건축이 된 것이다. 이러한 공을 인정받아 국민교회 건축상 동상을 수상하기도 했다. 낮에는 카페와 도서관, 어린이집으로, 저녁에는 아름다운 조경으로 지역에 쉼과 여유를 주는 커피 메이커 같은 건축, 커피 한 잔 같은 건축. 이 얼마나 따뜻하고 향기로운가.

위. 약수교회 간판
아래. 약수교회 야경

건축, 그 빛나는 수정체(修整體)

일산한소망교회

대지 위치 경기도 파주시 교하읍 야당리 167-12번지 외 8필지
대지 면적 19,000m² **용도** 문화 및 집회 시설 **연면적** 36,666m²
규모 지하 2층, 지상 5층 **설계** 2007년 **준공** 2010년
수상 2011 경기도 건축문화상 입선

27일. 경기 설계에 돌입하기 위해 내게 주어진 시간은 단 27일이었다. 그 시간 동안 내가 할 수 있는 것은 이전과 마찬가지로 '생각하는 것'뿐이었다. 사유를 통해 이미지를 건져 올려야 시작되는 나의 설계 패턴 때문이었다.

착상을 위한 시간은 언제나 새벽이다. 그 시간의 사유는 언제나 내게 답을 주었기에 이번에도 나는 그 시간을 믿었다. 새벽에 일어나 침묵했던 27일 동안 여러 생각이 머릿속을 찾아왔다가 떠났다. 이번 설계에는 적용할 수 없지만 쓸 만한 아이디어라고 판단되는 것들은 메모로 남겼다. 하

염없이 흐르던 시간을 멈추고 침묵을 깨뜨린 최초의 이미지는 '슈퍼맨의 고향에 존재하는 수정체(Crystal)'였다. 그래서 영화에 등장하는 경사진 수정체처럼 건물도 비스듬하게 설계했다. 두 개의 크기가 다른 비스듬한 박스는 모자(母子)가 탯줄로 연결되어 있는 것처럼 브리지로 연결했다. 또 수정체의 반짝임을 살리기 위해 보석과 같은 조명을 설치했다. 이 조명에는 미학적 기능뿐만이 아니라 일종의 신호등 같은 역할도 부여했다. 멀리서 교회를 바라볼 때, 조명의 색으로 예배의 시작과 끝을 알 수 있도록 한 것이다. 이 조명에는 조명 본연의 역할인 분위기 조성과 아름다움을 충족시키는 것은 물론, 신호 체계로서의 기능, 건물의 가치를 상징하는 역할도 담았다. 그러나 이 모든 최초의 아이디어는 투시도에 봉인되고 말았다. 얼마 지나지 않아 모든 계획을 전면 수정을 해야 했기 때문이다.

제일 먼저 '슈퍼맨의 수정체'라는 비유부터 벗어야 했다. 건축주의 요구에 따라 비스듬한 건물은 수직으로 변경되었고, 두 개의 박스로 된 구성을 하나의 매스로 변경하였다. 현실적으로 땅의 확보가 충분하지 않았고 자연 녹지 지역이라는 제한 조건을 충족시키기 위해서였다. 이렇듯 건축물은 건축주의 요구, 대지의 조건, 예산 등에 의해 얼마든지 변경된다. 여기에 희비애락(喜悲哀樂)해서는 안 된다. '끝날 때까지 끝난 게 아니다'라는 말은 건축에도 적용되기 때

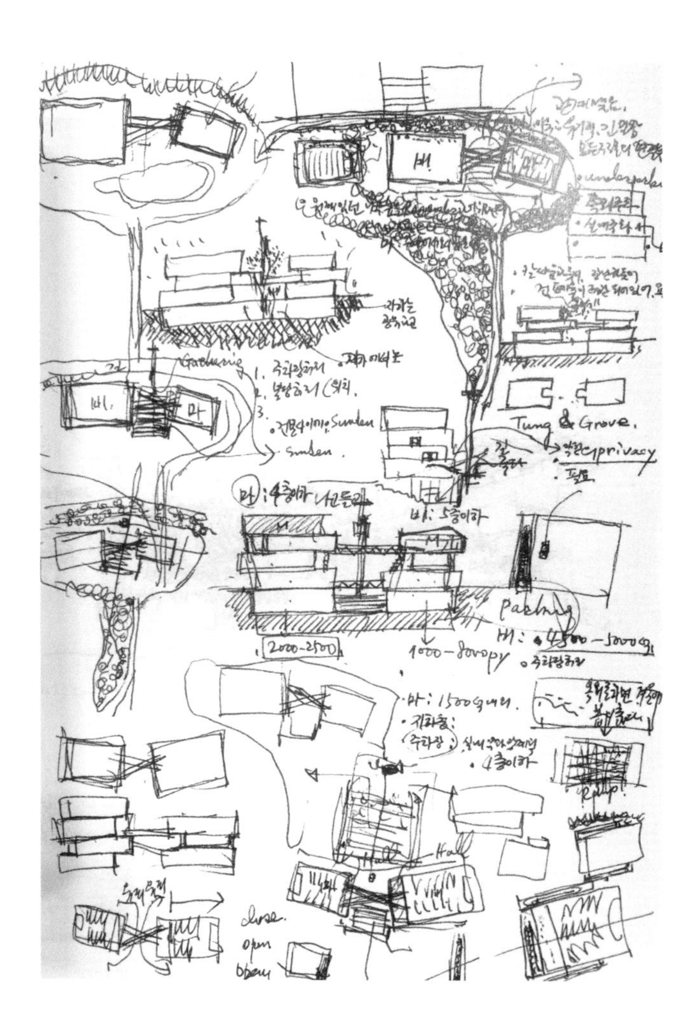

일산한소망교회 스케치

문이다. 그렇게 '슈퍼맨의 고향 수정체'라는 비유의 옷은 벗었지만 현재에서 아주 멀어지지는 않았다. '투명한 박스'라는 주안점은 설계에 있어 핵심적인 요소가 되었다.

> 일산한소망교회는 초기 의도와는 다르게 구현되어 아쉬움이 남지만, 서인건축의 색깔을 여전히 잘 보여 주는 작품이다. 투명한 박스 안에, 거대한 예배당을 포함한 각종 부대시설이 마치 하나의 커다란 불투명 알처럼 자리 잡고 있는 지점이 특징이다. 보통 예배당은 바깥에서 인지할 수 없는 방식으로 닫혀있지 않는가? 엄청나게 큰 매스가 무표정하게 닫혀 있는 것을 원하지 않았고, 이를 해결하는 과정이 일산한소망교회 설계의 주안점이었다. 본당을 4,500여 명이 들어갈 수 있는 규모로 구성했다. 처음에는 수정체를 품고 있는 모습을 나타내는 두 개의 박스로 구성되었는데, 나중에는 자연 녹지 지역이라는 제한 조건, 그리고 현실적으로 땅의 확보가 충분하지 않았던 점 등의 이유로 결국은 하나의 매스로 변경되었다. 아무튼 전체적으로 밝고 환한 교회의 이미지를 만들고 싶었다.
>
> – 일산한소망교회에 관한 메모 중에서

위의 메모에 나와있듯 '전체적으로 밝고 환한 교회'를

위. 일산한소망교회 전면
아래. 일산한소망교회 측면

만들고 싶었기에 빛이 잘 들어오는 유리를 사용했다. 수정된 새로운 비유의 옷은 '공항 대합실'이었다.

새로운 비유, 설레는 공간

건축주의 요구에 따라 4,500명이 들어갈 수 있는 메인 공간을 만들어야 했다. 이 정도의 인원을 수용하면서도 답답하지 않은 공간을 연출하기 위해서 층마다 대공간(Large space)을 내고 장 스팬[1]을 이용하여 공항의 느낌을 재현하였다. 장 스팬은 구조 자체가 디자인이 되는 특징을 가진다. 그래서 건물의 구조를 진실하게 표현하여 심플하면서도 짜임새 있는 아름다움을 획득한다. 이 구조적 아름다움은 '공항 대합실'이라는 상징을 입고 '교회는 천국에 가기 전에 대기하는 공항 대합실'이라는 스토리텔링으로 만개하였다. '만날 때에 떠날 것을 염려하는 것같이, 떠날 때에 다시 만날 것을 믿는' 설렘의 기운이 일산한소망교회에도 감돌게 되었다.

유리 벽을 타고 들어오는 햇살, 대공간에 놓인 친교를

---

1 장 스팬(長 span)은 우리말로는 '경간'이라 하며, 이는 건물이나 교량 따위의 기둥과 기둥 사이의 거리를 뜻한다.

위. 일산한소망교회 내부 정원
아래. 일산한소망교회의 시저 타입 계단

위한 테이블과 의자, 싱그럽고 신비한 느낌을 자아내는 대나무숲. 투명한 유리 벽은 내부와 외부의 경계를 허물어 안에서도 밖을 누리는 기분을 준다. 안에서는 밖의 날씨를, 밖에서는 안의 활동을 볼 수 있으니 더욱 발랄하고 활기찬 분위기가 되었다.

또한 시저 타입[2]으로 설계된 계단도 설렘이라는 감정에 기댄다. 한꺼번에 4천 명이 모여 예배를 드릴 수 있는 공간에서 쏟아져 나오는 사람들이 서로 마주 보며 지그재그로 계단을 밟고 폭포수처럼 아래로 내려오는 광경은 그야말로 장관이다. 이 계단은 안과 밖의 경계를 허문 공간과 좁고 닫힌 공간인 엘리베이터가 어울리지 않는다고 판단해 내린 결과다. 더군다나 4천 명을 수용하는 엘리베이터를 구축하는 것은 현실적으로 어려웠다. 설령 그것이 가능했다 하더라도 4천 명이 곳곳에 배치된 엘리베이터 앞에서 기다리는 광경을 상상해 보라. 열린 공간에 정체된 사람이라니!

계단은 목재를 사용하여 따뜻하고 포근한 느낌을 주었다. 계단과 계단 사이의 공간을 탁 트인 대청마루처럼 느끼게 하고 싶었다. 교회에서는 계단의 소재를 돌로 할 것을 요구하였다. 내구성을 그 이유로 들었다.

"타이어는 왜 갈아 끼우나요?"

---

2 시저 타입(Scissor Type)은 벌려 놓은 가위를 위아래로 포갠 모양을 뜻하는 말이다.

이것이 나의 대답이었다. 타이어가 승차감을 높이기 위해 존재하듯, 아래에서 밑으로 내려오는 구조인 계단도 사람의 무릎과 발을 편안하게 해 주어야 한다. 딱딱한 돌은 사람에게 무리를 주고 차가운 느낌을 선사한다. 게다가 넘어졌을 때 부상의 위험도 나무보다 훨씬 크다.

유리와 완전히 트인 파사드[3]를 통해 보이는 매스, 그리고 목재로 마감된 계단은 인공 자연 같은 느낌을 준다. 건축과 사람의 조화로 만들어진 분재 같은 느낌이랄까? 누군가 저 멀리서, 혹은 저 위에서 일산한소망교회를 바라본다면 유리 벽 안팎을 감싸고 있는 조경과 나무 계단에서 쏟아져 내려오는 사람들의 행렬이 어울려 만들어 내는 폭포를 볼 수 있을 것이다. 나무 사이의 절벽에서 떨어지는 폭포가 있는 분재, 이 작은 아름다움을 만끽할 수 있지 않을까?

대공간의 천장에는 오병이어(五餠二魚)를 상징하는 조형물이 달려 있다. 파란 하늘을 배경으로 떠 있는 물고기와 떡. 하늘의 것을 바라보고 하늘의 기적을 사모하는 기독교인들의 정서를 반영했음은 물론이거니와 분재를 구성하는 또 하나의 피사체가 된다. 떡을 상징하는 동그란 모형은 달과 해로도 보일 수 있기에 물고기와 해, 물고기와 달이 되

---

3 파사드(Facade)는 건축물의 주된 출입구가 있는 정면부로, 내부 공간구성을 표현하는 것과 내부와 관계없이 독자적인 구성을 취하는 것 등이 있다.

위. 일산한소망교회 예배당
아래. 일산한소망교회 다목적 홀

어 자연에 동참한다. 예배당 아래 지하 1층 영역에는 운동 및 이벤트 등을 위한 다목적 홀이 있는데, 건식벽체이기 때문에 소음 문제가 없도록 하였다. 다목적 홀은 전체적으로 농구장과 흡사하다. 농구장에서 예배를 드린다고 표현하는 것이 맞을 정도로 그렇다. 청소년들이 사용하는 공간이라 예배당이 갖추어야 할 건축적 요소를 과감히 생략하고 자유롭고 활기찬 공간으로 연출하였다. 정면 양쪽에 가시면류관과 십자가를 설치함으로 공간의 정체성을 표현하는 것도 잊지 않았다.

빛의 활용과 넓은 창문의 사용, 따스한 느낌을 주는 목재의 활용 및 곡선 쓰기 등이 알바 알토에게서 배운 흔적들이 있기는 하지만 설렘이라는 발랄한 분위기를 덧입힘으로 한소망교회만의 느낌을 살려냈다. 최초의 착상인 2개의 매스로 구분된 건축을 하였다면 지금과는 다른 스토리를 썼겠지만, 천국에 갈 것을 소망하며 살아가는 종교인에게 공항 대합실 같은 교회라는 상징은 그 자체로 신앙심을 고취시킨다. 그렇게 하나의 수정체 같은 한소망교회는 인간이 언젠가는 이 땅을 떠나야 하는 존재임을 상기시키는, 만남과 헤어짐이 인간사의 기본임을 자각하게 하는, 그래서 더욱 삶을 기쁘게 살아가게 하는 교회가 되었다.

알바 알토, 나의 스티그마

150여 개의 나의 건축들에서 사람에 대한 '배려'와 '자유 곡선', 그리고 '햇빛의 유입'을 발견했다면, 그것은 알바 알토의 건축을 공부한 결과가 맞다. 그러나 그에 대한 오마주인 '소망교회'를 제외하고는 알바 알토의 건축을 완전히 모방하지는 않았다. 알바 알토의 건축 철학이 나의 사고에 녹아 들어가서 나의 건축에도 자연스럽게 나타나게 된 것으로 생각한다. 녹산교회나 일산한소망교회 건축에서부터 알토의 흔적이 지워지기 시작했으나, 알바 알토에게서 완전히 벗어난 것은 '렉스타워'부터다.

물론 여전히 나에게 알바 알토를 차용한 건축가라는 꼬리표를 붙이는 사람들이 있다. 하지만 부끄럽지 않다. 오히려 나는 그 덕분에 아름다운 건축을 이 땅에 세울 수 있었다고 생각한다.

사실 과거에는 외국 건축을 받아들이기 바빴기 때문에 오히려 '우수하고 매력 있는 알바 알토의 건축을 닮은 건물이 들어선들 어떠랴!' 하는 배짱도 있었다. 이 배짱은 소망교회를 완공한 지 40년이 넘은 지금까지도 유효하다. 수많은 세계의 건축학도들이 알바 알토의 간접경험을 위해 소망교회와 소망선교관, 소망수양관을 찾아준다면 어떨까. 오마주한 작품과 원작을 비교하며 공부하는 영화광들처럼 말이다.

알바 알토, 이 위대한 세기의 건축가는 내게 그 흔적을 남겼다. 그 스티그마(Stigma)는 대한민국 곳곳에 남아 여전히 그를 기리고, 누군가에게는 영감을 주며, 나에게는 성장의 다림줄(Plumb Line)이 되었다. 나를 배짱 있는 건축가로 키운 알바 알토, 그의 부드러운 곡선의 힘이 나를 휘감는다.

인간에 대한 배려가 철철 넘쳐흐르는 건축, 즉 사용자를 깊이 배려하는 따뜻한 마음을 그의 건축 도처에서 발견할 수 있었다. 또 자유로운 형태 구성, 많은 여타의 건축들이 직선의 노예가 되어있는 경우를 볼 수 있는 데 반해, 그는 직선과 자유 곡선을 자유롭게 결합한다. 그런가 하면 한결같이 햇빛을 내부 공간에 유입시킨다. 핀란드의 날씨가 원인인데, 한국처럼 햇빛이 화끈한 나라도 없다. 한국보다 위도가 한참 위인 핀란드는 여름에도 해가 나다가도 곧 비를 뿌릴 것 같은 날씨로 변한다. 그만큼 햇빛이 약하다. 따라서 창가에서 조금이라도 멀어지는 순간 천장이 등장해서 내부 공간에 부족한 햇빛을 보충해 준다. 어쩔 수 없이 등장한 천창의 모습도 원형, 직선형 등 다양해서 갖가지 햇빛을 받아들이는 그 자체가 하늘에서 내려다보는 입면이 된다.

–'알바 알토에게 받은 영향'에 관한 과거 인터뷰 중에서[1]

---

1 『다른, 상징적 제스처들』, 최동규 · 백승한 · 이경창, 간향미디어랩, p182.

4장

건축이 쓰는 잇스토리

아무런 미덕도 없는 피조물이 없듯, 모든 건축에도 이유가 있다. 하나의 재료, 한 평의 공간, 한 걸음을 위한 동선에도 건축가에게는 의미와 이유가 있다. 사람을 위한 배려, 그리고 그 안에서 쓰여질 잇스토리에 대한 상상. 건축과 사람의 삶의 '시퀀스', 그것 말이다.

_〈일치의 강력함〉 중에서

채플

나의 잇스토리

신촌성결교회

대지 위치 서울 마포구 신촌로 12길 12 외 3필지
대지 면적 2,646㎡ **용도** 종교 시설 **연면적** 11,997㎡
규모 지하 4층, 지상 6층 **설계** 2008년 **준공** 2011년
수상 2011 한국건축문화대상 우수상, 2012 교회 건축문화대상 대상

산골의 저녁, 혹은 새벽의 어스름은 어딘가 신비한 분위기를 연출한다. 나무들이 불쑥 땅에서 빠져나와 그들만의 반상회를 갖고, 호랑이가 담배를 피우며 걸어 다닐 것 같은 상상이 일어나는 것은 단지 학습의 결과만은 아닐 것이다.

특히 산골이 나에게만 가져다주는 독특한 이미지가 있는데, 그것은 어스름한 새벽에 정화수를 떠 놓고 아들의 장래를 위해 수없이 숙이던 어머니의 허리와 하염없이 비비던 두 손이다. 이것이 산골이 심어 준 나만의 잇스토리다.

잇스토리는 '어떤 제품이 가지고 있는 히스토리'를 뜻하는 말로 『트렌드 코리아 2019』에서 등장한 신조어다. 역사를 뜻하는 히스토리(History)에서 변형된 말인 잇스토리는 결국 '스토리텔링의 중요성을 강조하며 헤리티지(Heritage)를 부각시킬 수 있는 독자적인 이야기'를 지칭하는 말이라고 할 수 있다.

'어떤 제품이 가지고 있는 히스토리'에서 '어떤 제품'을 '나'로 바꾸면 잇스토리는 나만의 스토리가 되고, '어떤 공간'으로 바꿔 읽으면 그 공간의 잇스토리가 된다.

대부분의 요즘 아이들은 산골을 경험하지 못한다. 방학을 활용해 가게 되더라도 내가 누렸던 산골의 아우라를 느끼기는 어려울 것이다. 이제 아이들에게 숲과 연관된 상상은 말 그대로 '전래동화'가 되어 있을 수도 있다. 아마도 아이들이 오늘의 공간에서 써 내려가고 있는 잇스토리는 나와는 또 다를 것이다.

건축가가 해야 할 일은 더 선명해진다. 사용자의 사용성을 충족시키되 건축의 기능적인 면에만 치중하지 않는 것. 주변과 하모니를 이룰 수 있는 건축을 하는 것. 그래서 이 아이들에게 마음껏 상상할 수 있는 가슴을 선사할 수 있다면. 그렇게만 할 수 있다면 비정한 도시를 살아가는 아이들에게 조금 더 부드럽고 아름다운 잇스토리를 쓸 수 있게 할 수 있지 않을까.

옛것과 새것이 서로를 얼싸안고 도로를 사이에 두고 있음에도 불구하고 하나의 커뮤니티임을 육감적으로 느낄 수 있는 하모니를 울리는 건축이 있다면, 이 또한 그들만의 잇스토리 아니겠는가. 건축이 인간에게 들려주는 히스토리, 그 히스토리가 머금고 있는 헤리티지라는 신비함, 그리고 그 안을 오가고 그 앞을 오가는 사람들의 추억이 켜켜이 쌓여 쓰여지는 잇스토리 말이다.

신촌성결교회 건축이 내게 선사한 사유와 이야기는 이렇게나 많다. 그러나 여기까지는 건축에 관한 정서적 잇스토리다. 이 건물을 설계하고 건축한 건축가로서의 이야기는 또 다른 잇스토리를 가지고 있다. 건축이 인간에게 건네는 이야기는 의외로 많다.

어제와 오늘이 마주 보다

서울의 신촌 번화가. 길가 양옆으로 늘어선 가게와 노점들 때문에 더 좁아진 길을 따라 걷다 보면, 전형적인 재래식 교회 건물과 경사진 유리 외벽에 곡선 벽면을 가진 현대 건축이 마주 보고 있는 이색적인 장면을 만날 수 있다. 이곳은 1970년대의 건축물과 2011년에 준공을 마친 건축이 마주 보고 있는 신촌성결교회다.

도로에 진입하여 왼쪽에 있는 건축물은 옛 건물로 교회 건축의 권위가 느껴지는 전형적인 교회 건축이다. 이 옛 건축과 마주 보는 왼쪽 건물이 서인건축이 경기 설계로 선정되어 탄생한 건축물이다. 한쪽은 옛날 규범을 지키는 할아버지처럼, 또 다른 쪽은 외국에 가서 공부하고 온 손자처럼 각자의 아우라를 뽐내며 마주 서 있다. 그런 모습에서 위화감보다는 포근한 감정이 더 많이 드는 까닭은 각자의 자리에서 누가 앞서거나 뒤처지지 않게 조화와 균형을 이루고 있기 때문일 것이다.

두 건물은 확연하게 건축 양식도, 아우라도 다르지만 묘하게 어울린다. 각 건물은 도로 하나를 두고 떨어져 있지만 하나의 마을처럼 동질감을 교류하며 '신촌성결교회' 커뮤니티를 형성하고 있다.

'옛것의 헤리티지를 훼손하지 않으면서
이 공간의 잇스토리를 쓰게 하는 건축.'

신촌성결교회 건축을 이렇게 명명한다면 낯 뜨거운 자아도취일까?

위. 신촌성결교회 구관 전경
아래. 신관 옥상정원에서 보이는 구관 모습

건축가는 다중인격자?

신촌성결교회 건축 시, 필요한 필지[1]를 모두 사지 못했다. 그래서 교회를 둘러싸고 있는 구입하지 못한 주택들을 빙 둘러 급한 곡선을 그리는 뒤태를 가진 건물이 되었다. 기능상으로는 건물의 입구가 도로에 면해 있어 폭이 좁았다. 메인 도로는 좁고, 뒤쪽은 오히려 깊은 구조의 대지. 그래서 나는 '입과 배설구'을 염두에 두고 설계를 했다.

메인 도로 쪽은 입, 주차장 쪽은 배설구. 입을 전면에 두어야 표정이 있는 건축이 될 수 있다고 생각했다. 배설구인 주차장이 앞쪽 도로에 있으면 어둡고 컴컴하며 흉하다. 사람이 들어가는 문과 자동차가 들어가는 입구가 달라야 깔끔하고 그 건물만이 간직한 고유성을 획득할 수 있다. 이렇게 만들어진 주차장은 들여다보면 마치 병원에서 내시경으로 들여다보는 모양과 유사하다.

경기 설계였던 신촌성결교회를 서인건축 지을 수 있게 된 첫 번째 이유도 여기에 있었다. 서인을 제외한 모든 설계 사무소의 설계는 주차장이 모두 앞쪽에 있었던 것이다. 하지만 이것이 건축주가 서인을 선택한 결정적인 이유는 아니었다.

---

1 필지(筆地)는 구획된 논이나 밭, 임야, 대지 따위를 세는 단위다.

서인건축이 신촌성결교회 경기 설계를 획득할 수 있었던 결정적인 한 방은 교회의 지붕을 덮은 자재 때문이었다. 지금도 신촌성결교회를 반짝반짝 빛나게 하는 진주나 조개, 자개 느낌의 외부 자재는 이 건물을 여전히 아름답게 감싸고 있다. 그러나 막상 건축을 하려고 할 때 이 자재를 구할 수가 없어 한국에서 구할 수 있는 비슷한 재료를 선택해서 건축주에게 보여 주었다.

신촌성결교회 외부 마감

"현상 설계 당선 땐 그럴듯하게 해서 보여 주고 막상 그런 재료가 없다고 다른 것으로 하면 거짓말 아닙니까?"

매섭고 당연한 대답이 돌아왔다. 나는 고민에 빠졌다. 외국에서 수입할 수도 없는 상황이었고, 수입할 수 있었다고 해도 단가가 문제였다. 그래서 기를 쓰고 건축 자재 전시회를 다니는 친구에게 모든 카탈로그를 빌려 왔다. 나는 '매의 눈'으로 아주 작은 사진 속 외벽까지 꼼꼼히 살폈다.

노력은 배신하지 않는다는 말이 맞았다. 콜롬비아(Colombia)의 한 도서관 벽에 그 자재가 사용된 것을 찾아냈다. 사진 속 여성의 키를 160cm라고 가정하고 몇 피스나 필요할지 계산해 냈다. 그리고 한국의 자재상을 뒤져 가장 비슷한 슬레이트를 찾아냈다.

이때 나는 마치 강력계 형사 같았다. 주차장을 뒤로 보내야 되는 타당성을 설명하고 설득할 때는 반쯤 변호사가 되었던 것 같기도 하다. 이렇게 건축가, 변호사, 강력계 형사의 경계를 넘나들며 나에게 잇스토리를 쓰게 한 신촌성결교회는 내게 보답이라도 하듯 '한국건축문화대상 우수상'과 '교회 건축문화대상 대상'을 안겨 주었다.

위. 신촌성결교회 신관 예배당
아래. 신촌성결교회 신관 로비

건축에도 복고가?

만리현교회

대지 위치 서울시 마포구 공덕동 11-156 외 6필지
대지 면적 2,809m² **용도** 종교 시설 **연면적** 8,001.76m²
규모 지하 3층, 지상 3층 **설계** 2013년 **준공** 2018년

누구에게나 과거는 아름답게 기억된다. 설령 찢어지는 가난으로 점철된 과거라도 그렇다. 하지만 그럴 수 있으려면 오늘의 내가 나를 지켜 낼 능력이 있어야 한다. 그래야 과거를 돌이키며 웃을 수 있다. 과거는 참 이상하게도 사람들에게 관대함이라는 대우를 받는다. 한국의 대중문화가 세계적으로 명성을 떨치고 있는 이때에도 복고 열풍이 가시지 않으니 말이다.

얼마 전 캐나다 밴쿠버의 한 시골 마을을 방문한 지인에게 반가우면서도 희귀한 이야기를 들었다. 7살짜리 필리

핀계 소녀가 뛰어오더니 '안녕하세요'라고 인사를 하더란다. 아이는 한국의 보이그룹 'BTS' 때문에 한국어를 배우게 되었다고 했다.

국내 예능 프로그램에도 외국인들이 많이 출연한다. 때로 그들에게 한국을 오게 된 계기를 물으면 우리나라 연예인들의 이름을 대는 경우가 많다. 우리가 인지하지 못하는 동안 현재 한국의 대중문화는 세계 곳곳에 흘러 들어가 누군가에게는 코리안 드림을 갖게 한다.

정작 우리나라는 복고와 레트로를 이어 뉴트로, 이제는 성인 가요로 취급받던 트로트까지 대히트를 치고 있다. 덕분에 흑백 영상으로만 남아있는 트로트 1세대들의 모습을 볼 수 있다. 사실 복고는 불경기에 나타나는 문화 현상이다. 현실이 어려울수록 과거를 추억하는 사람들이 많아지기 때문이다. 하지만 건축에는 복고가 없다. 신식 아파트를 부수고 구형 주택을 짓는 사람은 없지 않은가.

위성 도시나 서울 외곽의 타운 하우스를 중심으로 테라스나 텃밭이 딸린 형태가 유행이다. 신축 아파트의 경우에도 아파트 단지 내로 차가 다니지 않는 곳이 늘고 있다. 자동차와 오토바이 등은 개미집처럼 연결된 지하를 통해서만 지상으로 오를 수 있고, 지상에는 대형 공원을 방불케 할 정도의 조경이 조성되어 있다. 나무와 꽃만 있는 게 아니다. 인공 폭포도, 인공 개울도, 인공 시냇물도 흐른다. 어쩌면

만리현교회 조감도

만리현교회 투시도

건축에서의 복고는 '자연'과 가까운 것이 아닐까. 흙, 물, 맑은 공기를 제공받을 수 있는 환경 말이다.

단, 설계에 있어서 복고는 없다. 기술, 자재의 발전에 따라 더 세련되어질 뿐이다. 복고 열풍이 분다고 해서 도시 한복판에 기와집을 짓지 않는다. 건축은 주변과의 조화를 늘 염두에 둬야 하기 때문이다. 대신 증축이나 리모델링을 통해 옛것과 새것이 공존하게 한다. 여기에서의 공존은 신촌성결교회의 그것이 아니다. 옛것을 토대 삼아 새것을 쌓아 올리는, 새것이 옛것을 품어내는 방식이다. 오늘의 건축이 역사와 잇스토리를 머금은 채 함께 다시 낡아가는 것이라고도 할 수 있겠다.

건축과 사람, 그들의 이야기

2015년에 나는 교회 건축가 5인과 함께 교회 리모델링에 관한 인터뷰를 한 적이 있다.

신자가 증가할 경우는 대부분 신축을 한다. 그러나 신자가 더는 늘지 않는다거나 기존 교회당 건물이 낡은 경우는 리모델링을 많이 한다. 리모델링의 장점은 구조가 튼튼하고 기존 건물을 재활용하기 때문에 비용을 아낄 수 있다. 골조에 들어가는 비용도 절약할 수 있고 신축허가와 달리 주변 민원이 적어 공사 시간도 절약한다. 교회 1세대 신자들의 정서적 만족이 크다.

이 답변 중에서 '1세대 신자들의 정서적 만족'에 집중하고 싶다. 과거에는 십시일반(十匙一飯) 하여 교회를 건축하는 것이 기본이었다. 가난한 자는 가난한 대로, 많이 가진 자는 많이 가진 대로 교회를 위해 헌금했으며, 이를 아까워하지 않았다. 그 1세대들의 헌신과 신앙이 담겨 있는 교회 건물을 대형화를 이유로 부수어 버릴 수는 없다. 아무리 마땅함을 설명한다 해도 그들에게 위로가 되지 않을 것이다.

이것은 비단 교회만의 어려움은 아니다. 부모님이 남겨 놓은 유품을 정리하느냐 보존하느냐의 문제, 심지어 중고등학교 때 입었던 교복을 버리느냐 마느냐도 개인의 삶에서는 문제가 될 수 있다. 하물며 누군가의 청춘과 헌신으로 만들어진 교회 건축물에 대해서는 오죽 의견이 분분하겠는가. 그래서 리모델링이라는 1세대들의 정서와 감성을 보존하면서도 새로운 건물에 대한 신세대의 요구도 충족시킬 수 있는 건축기법을 사용하기로 한 것이다.

만리현교회의 리모델링에는 한 성도의 잇스토리가 존재한다. 40억이라는 초기 공사 비용을 홀로 감당하고 이후 공사가 위기에 처할 때마다 신앙과 인간적 생각 사이에서

위. 만리현교회 예배당
아래. 만리현교회 카페

고뇌했던 한 장로의 삶을 나는 보았다. 끝내 거의 모든 공사비를 감내하고서도 성도들 앞에서 단 한 번의 박수도 받지 않은 사람. 오직 자신을 거기까지 인도한 존재에게만 칭찬받고 싶다고 말한 곧은 사람. 많은 사람이 그를 기억하지 못한다 하더라도 유선형으로 잘 빠진 건축의 주춧돌은 그 기도 소리와 그의 사연과 그의 눈물을 기억하지 않을까. 나는 그 장로의 이야기를 떠올리면서 만리현교회의 리모델링에 착수했다.

만리현교회는 40년 가까이 된 교회 본체가 있었다. 리모델링은 그 기존 건물에 공간을 덧붙이는 방식으로 진행되었다. 성도들은 완공을 하는 그 순간까지 보존되어 있던 구공간에서 예배를 드렸다. 돌이켜 생각하니 익숙한 공간에 머물기 원하는 사람들의 필요를 충족시키면서도 그 건물을 짓기 위해 헌신했던 신자들의 마음도 어루만져 준 과정이었던 것 같다.

리모델링을 하다 보면 우리가 처음부터 설계했더라면 절대로 하지 않았을 것 같은 공간이 발견되기 마련이다. 그러나 리모델링은 기존의 건물을 인정하는 것에서부터 시작되며, 오히려 다소 불완전한 공간으로 보이는 그곳이 사용자들에게는 '잇스토리' 공간이 된다. 리모델링의 매력은 여기에 있다. 1세대들의 정서를 품고, 다음 세대의 요구를 응용하여 익숙하지만 새롭고, 새롭지만 어딘가 익숙한 공간이 창조되는 것. 이것이 바로 리모델링이라는 건축이 선사하는 공간의 잇스토리다.

결과적으로 만리현교회의 전체적인 형태는 바람에 날리는 스카프 모양이자 배가 바람에 불어 흔들거리는 인상을 주는 형태가 되었다. 그것은 대지의 형태와 주변의 조건을 고려한 설계의 결과다. 그러나 문득, 그 형태가 1세대들과 헌신적인 한 장로에게 보내는 위로와 칭찬의 속삭임처럼 느껴진다. 바람에 흩날리는 스카프처럼 당신들의 헌신적인 인생은 아름다웠노라고. 흩날리는 스카프처럼, 흐르는 물처럼 아름답고 다음 세대들도 자연스럽게 자신들의 뒤를 이를 세대를 품고 사랑할 것이라고.

침대는 가구가 아니듯

양평복지교회

대지 위치 경기도 양평군 용문면 신점리 575-1
대지 면적 660m² **용도** 문화 및 집회 시설 **연면적** 399m²
규모 지하 1층, 지상 2층 **설계** 2004년 **준공** 2005년
수상 2006 대한민국 목조건축대전 본상

'침대는 가구가 아니라 과학입니다'라는 유명한 카피가 있다. 한 문장의 힘이 얼마나 큰지 '다음 중 가구가 아닌 것은?'이라는 문제에 '침대'라고 답한 어린이들이 많았다고 한다. 이 광고 문구를 내세운 회사에서는 침대가 사람의 수면의 질을 좌우하기 때문에 '과학'이라고 주장했다. 그럴싸한 해석이다. 수면 시간이 적거나, 오래 누워 있어도 숙면을 하지 못하면 온종일 몽롱하여 일상생활에 지장을 준다. 그러니 침대가 수면의 질을 높이고 나아가 삶의 질도 높인다면 그것은 단순한 가구가 아닌 것이다.

리모델링에 이 문구를 적용하면 어떨까. 일단 시작은 '리모델링은 건축이 아니다'가 되어야 할 것이다. 중요한 것은 그다음 문장이다. '리모델링은 스토리다' 혹은 '리모델링은 삶이다'라는 문장이 떠오른다. '삶'이라는 단어는 관념적이지만 어쩐지 마음이 그쪽으로 기운다. 나이가 있는 사람들은 종종 자신이 살아온 인생을 소설로 쓰면 열 권도 넘는다고 말한다. 삶이 곧 이야기라는 뜻이다. 리모델링은 이미 '이야기'가 가득한 공간에 새로운 '이야기'를 쓰게 하는 일이며, 기존 공간에 새로운 가치를 부여하는 것, 그것이 리모델링인 것이다. 그리고 그렇게 새로워진 공간에서는 또 다른 삶이 시작된다.

양평복지교회도 감쪽같이 변신한 케이스다. 조금은 후줄근한 느낌을 주던 원래의 건물을 자연을 누리며 친교할 수 있는 공간으로 리모델링하였다. 안고 가야 하는 기존의 조건은 두 가지였다. 교회 한쪽 면에 위치한 '냇가'와 우리나라 전통 건축에서 볼 수 있는 '여닫이문과 덧문'이 그것이다. 이 두 가지 사항을 고려해야 하는 설계 조건은 나의 승부욕을 자극했다.

절대로 무시할 수 없는 조건을 수용한다는 것은, 건축가의 상상력을 제한하는 요건으로 작용한다. 그러나 다른 한편으론 '응용'이라는 이름의 노하우를 맘껏 발휘할 기회가 된다.

위. 양평복지교회 마당
아래. 양평복지교회 미닫이문

종종 건축가는 사람에게 필요한 공간을 조성해 준다는 점에서 조물주처럼 느껴진다. 물론 조물주의 수많은 역할 중 하나를 흉내 낼 뿐이지만, 사람을 이롭게 하는 환경을 만드는 일에 기여하고 있는 것은 분명하다. 그러니 건축가는 겸손, 사랑, 배려의 미덕을 지니도록 더욱 노력해야 한다. 건축가의 이러한 미덕이 빛을 보려면 당연히 '실력'을 갖춰야 한다. 그것이 건축가의 자존심을 지키는 힘이다.

양평복지교회는 건축가의 자존심을 살릴 수 있는, 즉 실력과 노하우를 마음껏 발휘할 수 있는 곳이었다. 원래의 '여닫이문과 덧문'을 살리면서 그것이 가진 아우라를 전체 건물로 확대했다. 목재 외장 건물로 설계한 것이다. 냇가와 맞닿아 있도록 테라스를 연결하여 리모델링을 했기에 자연과의 조화도 고려한 판단이었다. 이 판단은 '2006 대한민국 목조건축대전 본상'으로 돌아와 서인건축의 또 하나의 자부심이 되었다.

우리나라 사람들은 냇가에 앉아 음식을 나누는 것을 좋아한다. 한여름에 시냇가에서 멱을 감는 것이 유일한 여름 놀이였던 탓일까. 시대가 변해 시원한 에어컨 바람을 쐴 수 있어도, 어쩐지 한여름에는 냇가 앞 평상에 앉아 닭백숙이나 수박이 먹고 싶어진다. 하지만 냇가가 꼭 여름에만 독특한 정서를 자아내는 것은 아니다. 냇가는 고즈넉한 장소가 되기도 하고 만물의 탄생을 알리는 소리가 가득한 곳이 되기도 한다. 그래서 데크를 확 빼서 사람들이 냇가의 정경을 즐길 수 있도록 했고, 또 루버[1]를 설치해 날씨와 상관없이 자연을 누릴 수 있게 했다.

가끔 치열한 현실을 잊고 자연의 소리를 듣고 싶을 때가 있다. 양평복지교회는 그러한 인간의 욕구를 만족시키는, 자연의 축복을 더 잘 누릴 수 있게 한 공간이 되었다. 이러한 공간은 분명 사람을 즐겁게 한다.

---

1 루버(Louver)는 길고 가는 평판을 수평이나 수직, 격자 모양으로 개구부 앞에 설치해 직사광이나 비를 막는 역할을 한다.

리모델링의 매력

성호교회

대지 위치 서울특별시 성동구 금호동3가 1161
대지 면적 841.60㎡ **용도** 종교 시설 **연면적** 1,368.27㎡
규모 지상 3층 **설계** 2012년 **준공** 2015년

금호동에 위치한 성호교회도 넓게 보아 양평복지교회 리모델링의 메커니즘을 닮아 있다. '휘게'[1]할 수 있는 새로운 공간이 생겼다는 것, 그리고 경험이 빚어낸 노하우를 녹여낼 수 있었다는 점에서 그러하다.

성호교회 역시 검은색 벽돌로 건축된 오래되고 낡은 건물이었다. 건축주는 예배당 리모델링만을 의뢰했다. 그러나 막상 현장에 도착하여 건물과 마주했을 때, 이 낡은 건

1 휘게(Hygge)는 덴마크·노르웨이어로 편안하고 기분 좋은 상태를 뜻하는 말이다.

물에 새로운 활력을 불어넣을 수 있을 것 같은 공간이 눈에 들어왔다. 바로 옥상이었다.

옥상의 경치가 너무 아름다워 그것을 이 공간에서 누리게 하고 싶었다. 오랜 세월 이곳을 사용해 왔지만, 지금까지는 누리지 못했던 새로운 풍경을 리모델링을 통해 보여주고 싶었고, 또 오래된 교회가 가진 경직된 분위기를 탁 트인 옥상에서만큼은 느끼지 못했으면 했다.

종교적 엄숙함과 휘게가 공존하는 공간! 더 나아가 예배당에서 만난 신의 존재를 옥상에서 바라보는 풍경을 통해 되새겨볼 수 있을 거라고도 생각했다. 그래서 사용자들의 편의를 위해 엘리베이터를 하나 놓고, 따스한 느낌을 주는 목재를 이용하여 옥상 카페와 식당을 설계하였다. 이 공간에서 교회를 둘러싼 아름다운 전경과 자연이 선사하는 채광을 누리게 하고 싶었던 건축가의 마음을 느끼길 바랐다. 결과는 성공이었다. 건축주 역시 매우 만족스러워했다.

또 시커먼 벽돌에도 변화를 주었다. 나는 벽돌을 갈아보자고 제안했다. 보잘것없이 시커멓기만 하던 벽돌들이 아름답게 변화되는 모습에 기쁨을 느꼈다. 그리고 그동안 시간과 자금을 들여 자재를 공부하고, 건축 여행을 하며, 건축 관련 서적과 매거진을 읽었던 일들이 어느 틈에 나의 일부가 되었음을 깨달았다. 노하우와 자신감으로 이룬 성과는 다시 한번 나에게 내 실력을 증명했고, 이것은 나를 더욱

위. 성호교회 내부
아래. 성호교회 옥상 데크

위. 성호교회 옥상 카페 내부
아래. 성호교회 카페 외부 데크

단단하게 만들어 주었다.

성호교회의 사용자들은 원래의 것이 새롭게, 아름답게 변화된 것을 보면서 어떤 생각을 했을까. 변화된 예배당에서 마음의 변화도 경험했을까?

꼭 종교적 성찰이 아니더라도 나는 사람들이 새로워진 공간에서 새로운 삶의 이야기를 써 내려갔으면 좋겠다. 그렇다면 리모델링은 건축 너머의 것, 삶의 한 가닥, 또 다른 이야기의 서막이 될 테니까.

한 아름의 경치

차경제(평창동 주택)

대지 위치 서울시 종로구 평창동 566-43
대지 면적 255㎡ **용도** 주거 시설 **연면적** 291㎡
규모 지하 1층, 지상 2층 **설계** 2006년 **준공** 2007년
수상 2007 서울시 건축상 장려상

지금 생각해도 참 잘했다고 여겨지는 일이 있다. 물론 조금 더 노련해진 오늘의 내가 설계를 한다면 지금과는 사뭇 다른 모양새를 갖추었을 것이다. 사뭇 다른 모양새란, 동선이나 형태에 유니크함을 더해 지루함을 덜어낼 수 있는 설계를 뜻한다. 그래도 '서인건축 사옥'을 지은 것은 참 잘했다고 생각한다. 가정적으론 물론이고 회사를 운영하는 데 있어서도 힘과 위로와 안정이 되기 때문이다. 내가 서인건축 사옥을 '내가 나를 위해 지은 건축'이라 명명하듯, 누구든 자신만을 위한 건물을 짓고 싶어 한다. '조물주 위에 건물주'

가 되기 위한 욕망에서 출발하든, 가족의 안녕과 안전을 위한 출발이든 주거에 대한 욕구는 본능이자 인간이 생활하는 데 있어 필요한 기본 요소 중 하나임은 분명하다.

이번에 만난 건축주는 '가족 구성원의 요구와 욕구를 만족시킬 수 있는 주택'을 원했다. 기성 주택에서 그런 집을 찾기는 쉽지 않은 일이다. 그러니 구성원의 필요에 따라 집을 짓는 것은 당연했으리라. 몸이 약한 부인을 위해서는 공기가 좋은 곳이어야 했고, 출퇴근을 해야 하는 본인을 위해서는 교외보다는 서울이 용이했다. 딸은 다락방을 간절히 원했다. 이에 어머니의 조언에 따라 평창동으로의 이주를 결정한 것이었다. 건축주의 필요를 파악하고 대지를 보기 위해 평창동으로 갔다. 건축주의 필요 위에 나의 건축적 안목이 더해질 시간이었다.

도로에서 한층 높이 이상 내려간, 마치 엿가락같이 좁고 기다란 대지. 객관적으로 악조건이었지만, 그것마저 사람에게 이롭게 바꾸는 것이 건축이라는 생각과 그것을 해낼 수 있다는 자신감 덕분에 오히려 마음이 설레었다.

대지는 나빴지만, 평창동이 갖는 '좋은 전망'이라는 프리미엄이 생각을 확장해 주었다. 엄청난 조망을 한껏 받아들이는 구조의 집을 짓기로 한 것이다. 그래서 이 집의 이름은 경치를 빌렸다는 뜻의 '차경제(借景齊)'가 되었다.

차경제 전면

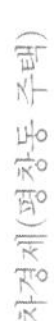

빌린 것은 내 것이 아니다. 언젠가는 돌려줘야 한다. 그래서 차용인이 지녀야 할 태도는 무리함이 없는 것이다. 내 것인 양 허풍을 떨거나 거드름을 피워서는 안 된다. 쓸데없이 허영을 부리는 것도 피해야 할 태도다.

차경제도 그래야만 했다. 빌려 온 경치를 훼손하거나, 경치와의 조화를 헤쳐서는 안 됐다. 집주인의 요구와 개성을 담아내되, 지나치지 않아야 했다. 어느 각도에서 봐도 자연과 아름답게 어울리되 고유의 품격을 갖춘, 그런 집을 짓고 싶었다. 그래서 산 위에 고고하게 떠 있는 나룻배같이 나무와 노출 콘크리트를 사용하여 집을 지었다. 차경제의 색은 자연의 색채와도 잘 어울렸다. 그러나 빨간 벽돌로 지어진 주변의 집들과는 확연하게 차이가 났다. 언젠가 한 매체와의 인터뷰에서 이렇게 말한 적이 있다.

> 우선 어떤 대지든지 그 대지가 가지고 있는 잠재적 가능성을 극대화하는 것. 또 거기에 주택이 들어가든 교회가 들어가든 빌딩이 들어가든 건축주가 잠재적으로 이 대지에서 소망하고 있는 것들이 무엇인가. 그런 욕망에 주목해서 그것들이 결합이 되고 더더군다나 이 집을 쓰지 않는 지나가는 사람들이나 제삼자에게도 단순한 건물이 아니라 예술품이나 다른 것으로 보일 정도라면 그게 제일 좋은 건축이라고 생각해요.

차경제는 나의 이러한 대답에 정당성을 부여해 주는 집이다. 긴 대지 위에 건축주의 필요에 따라 3세대가 함께 살 수 있는 독립 공간들을 만들었다. 그리고 모든 세대가 함께할 수 있는 거실과 부엌은 분리하지 않고 하나의 공간으로 지하에 배치했다. 그러나 건축법상 지하층일 뿐, 절반은 오픈되어 있어 1층이나 다름없는 구조다.

이유야 어찌 되었건 지하는 지상보다 인기가 없다. 땅속이라는 이미지 때문일까? 어쩐지 음습하게 느껴지는 공간이 바로 지하다. 그런 지하 공간에 가족이 먹고 마시며 함

차경제 마당

차경제 내부

께할 수 있는 거실과 부엌을 배치했다. 공간에 대한 전형적인 이미지에 대한 전환이다. 또 주변 집들과의 프라이버시를 위해서는 살짝 기울어진 각도의 목재를 덧입혔다. 이쪽에서 보면 빌려 온 경치들이 보이지만, 저쪽 각도에서 보면 시선이 닫힌다. 열림과 닫힘이 반복되며 소유와 차용의 경계를 오간다.

3세대가 함께 살아가지만, 각각 독립된 공간에서 각자의 꿈을 꾸고, 공용의 공간에서는 함께 모여 먹고 마시며 이야기하는 집. 빌려 온 경치를 누리되 소유하지는 않고, 주변과도 잘 어울려 또 하나의 풍경이 되는 집. 차경제.

이 집의 잇스토리는 평창동이 품고 있는 자연의 신비만큼이나 풍부하고 다양할 것만 같다. 한 아름의 경치를 껴안은 집. 그 집에 머무는 개개인에게는 같지만 다른 추억이 가득할 것이다.

일치의 강력함

시퀀스(아천동 주택)

대지 위치 경기도 구리시 아천동 368-3
대지 면적 1,020m² **용도** 주거 시설 **연면적** 196m²
규모 지상 2층 **설계** 1998년 **준공** 2000년
수상 2000년 한국건축문화대상 입선

"몇 해 전 보았던 집이 마음에 들었습니다."

"어느 집을 보고 오셨는지요?"

"상도동에 있는 주택입니다."

건축주와의 첫 만남에서 오간 대화다. 대화 속에 등장하는 상도동 주택은 1987년에 지은 처남 친구의 집으로, 백색으로 된 이층집이었다. 지금은 헐었는지 여전히 누군가의 요람이 되어주고 있는지는 알 수 없다.

대개 내가 지은 건축물을 둘러본 후에 서인건축의 문을 두드리는 경우에는 서인건축과 나에게 기본적인 신뢰감

을 가지고 있다. 그런데 이 건축주는 좀 달랐다. 그는 당시에 지은 집은 마음에 들었지만, 앞으로 자신에게 만들어 줄 집이 마음에 들지 않을 수도 있지 않겠냐고 했다. 나는 그의 말에 일리가 있다고 대답한 후, 연건평에 대한 설계비를 산출해 계약금을 제시했다.

"이 계약금 범위 내에서 서인건축에게 절반을 먼저 지급해 주시면, 우리가 기획한 비용으로 해서 계획안을 제출하겠습니다. 그때 검토를 하고 맘에 들지 않으면 그 단계에서 더 이상 서로 진행하지 않으면 되지 않겠습니까?"

국제 변호사였던 건축주는 나의 이 제안을 합리적이라고 평하며 받아들였다. 서로 물러섬 없이 팽팽했지만, 합리적 합의점에 도달했던 케이스로 기억에 남는다. 그리고 이 건축주와는 여전히 친분을 유지하고 있다. 팽팽했던 계약자와의 관계가 친분의 관계가 될 수 있었던 이유는 뭘까.

세월? 비슷한 취향? 인간적인 끌림? 이유가 무엇이든 선행되어야 하는 것은 건축주에게 만족을 주는 건축일 것이다. 계약자와 피계약자의 관계를 '평생의 관계'로 이끈 만족스러운 주택, 그 집의 이름은 '시퀀스(Sequence)'다.

우리는 종종 사람을 명명할 때 그 사람이 살고 있는 동네에 '~댁'을 붙여 부르곤 한다. 연예인 이효리 씨가 제주도에서 터를 잡고 살기 시작하면서 그녀에게 '소길댁'이라는 닉네임이 생긴 것처럼 말이다. 주택의 경우에도 그 주택이 위치한 동네 이름을 붙여 부르곤 한다.

'시퀀스' 역시 그렇다. '시퀀스'라는 이름을 붙여주지 않았다면 그냥 '아천동 주택'이 되는 것이다. 그나마도 건축가인 내가 설계한 주택들을 구분 짓기 위해 동네 이름을 붙여 불러서 그런 것이지 일반인들에게는 그저 집일뿐이다. 하지만 건축주와 건축가에게는 결코 '이 집, 저 집'이 될 수 없다. 설령 차경제나 시퀀스 등의 이름이 없더라도 그렇다. 그것은 가족을 위해 지은 집은 그 자체로 그 가족 구성원 모두에게 잇스토리가 되기 때문이다.

도전하는 건축

'시퀀스'는 건축가로서 이루고 싶은 목표가 분명했던 건축이다. 이를테면 그리스 아테네의 아크로폴리스에 있는 파르테논 신전이나 오래된 성(Castle)에서 느껴지는 건축적 강력함을 성취해 보고 싶었다.

파르테논 신전이나 오래된 성들을 바라볼 때 느껴지는 일종의 경외감은 그것들이 인류 역사의 한 폭을 차지하고 있기 때문만은 아니다. 켜켜이 포개져 있는 역사라는 이름의 흔적들은 그것들이 낡았거나 형태가 온전하지 않아도 신비한 아우라를 생성한다. 그래서 오래된 물건을 전시하고 있는 박물관이나 고대의 무덤 혹은 그에 준하는 것들을 대할 때면 놀라움, 경이로움 등의 감정이 인다.

성도 마찬가지다. 서울에서 비교적 가까운 남한산성이나 수원의 수원성에만 가더라도 옛것의 기운과 장엄함에 압도당한다. 여기에 역사의식 내지는 민족성이 보태지면, 오래된 건축물을 보았을 뿐인데 가슴에서 애국심이 인다. 선조들이 겪었을 수난을 생각하며 가슴 아파하거나 감사해하다가도 그들의 지혜와 기술에 탄복한다. 건축은 물리와 수학, 계산과 정확성을 요구하지만, 인간의 감성과 감정을 터치하기도 하는 야누스적 존재다. 여기까지가 자연인 최

동규가 건축 앞에서 느끼는 감정들이라면, 건축가 최동규의 시선은 좀 너 분석적이다. 파르테논 신전과 성들에서 느껴지는 신비한 아우라의 건축적 근원은 무엇일까.

아천동 주택 '시퀀스'는 이것에 대한 답이자 그것을 구현하고자 했던 건축이다. 그 구현은 건축의 본질 중 '재료'에 집중하여 내외부의 재료가 일치하는 데서 오는 건축의 강력한 힘을 구현하는 것이었다.

시퀀스라는 이름도 여기에서부터 출발하였다. 시퀀스는 사전적으로 '일련의 연속적인 사건들', '사건이나 행동 등의 순서', '영화에서 연속성 있는 하나의 주제나 정경으로 연결되는 장면'이라는 세 가지 의미를 가진다. 이 의미를 종

합하면 시퀀스란 결국 '연속'을 뜻하는 것임을 알 수 있다.

지금까지 언급한 파르테논 신전이나 성의 건축적 특징이 무엇인가. 그들의 건축 재료는 석재다. 외부의 석재가 내부로 돌아 들어가서 외부의 강력한 힘이 내부로까지 계속 연속되는 느낌을 성취해 보고 싶었다.

우연이었을까, 필연이었을까. 당시 나는 숀 코네리(Sean Connery) 주연의 〈장미의 이름(Le Nom De La Rose)〉이라는 영화를 보았는데, 영화 속 주요 공간이 옛날 성이었다. 나는 내외부가 벽돌인 건축이 가진 장중함을 느꼈다. 그런 외부적 장중함을 그대로 내부까지 가져가는 것이 카메라 연출의 기술일까도 생각해 보았지만, 건축의 재료가 가져다준 일치의 힘이라고 판단했다. 그래서 시퀀스를 안과 밖 모두 노출 콘크리트로 구성하기로 결정했다. 이렇듯 밖의 긴장을 안으로 가져온 건축이 바로 시퀀스다.

당시만 해도 건물의 안쪽까지 노출 콘크리트로 하는 경우는 드물었다. 그러나 건축주는 그것을 잘 따라주었다. 첫 만남 때 가졌던 긴장감이 신뢰로 이어졌던 걸까. 물론 아늑함이나 사생활 보호가 되어야 하는 안방이나 침실까지 노출 콘크리트로 할 수는 없었다. 공적인 영역만 내외부의 일치를 구현했다.

아천동 주택에게 '시퀀스'라는 이름을 붙여 준 것은 내외부의 재료 일치 때문만은 아니다. 설계상의 연속성이

시퀀스 내부

라고 해야 할까? 가시적으론 본채와 별채로 나누어져 있는 두 채의 건축이지만 담 하나를 둠으로 어깨동무하듯 서로를 인정하고 함께하는 건축. 떨어져 있지만 담이라는 브리지를 두어 연속성을 갖추게 한 주택이 바로 시퀀스의 또 하나의 상징이자 표현이었다.

시퀀스의 대지는 꽤 넓었다. 하지만 농가 주택으로 허가를 받은 곳이었기에 안채 40평, 창고 20평으로 설계를 해야 했다. 40평 공간에는 본채, 20평 공간은 건축주의 서재로 설계했다. 두 채의 건물이지만 한 가족의 공간이기에 두 건물을 하나로 아우르는 장치가 필요했다. 연속성을 갖는 장치 말이다.

먼저 두 건물을 하나로 아우르는 담을 세워 본채와 별채를 연결했다. 이때도 건축물의 안팎의 재료를 동일하게 사용했다. 중간에는 연못을 만들어서 두 채를 연결하는 느낌을 주었다.

사실 서재 쪽의 창문이 연못을 향하고 있었기 때문에, 거실 쪽의 벽을 열어 양쪽으로 사용자의 동선을 확인할 수 있는 구조를 만들고 싶었는데 건축주의 반대로 실현할 수 없었다. 연못을 사이에 두고 서로의 공간을 바라볼 수 있어서 거실에서 서재의 스탠드까지의 공간의 깊이를 느낄 수 있었다면 조금 더 아름다운 연속의 미를 성취할 수 있었을 텐데 하는 아쉬움이 남는다.

하느님께서 아무런 미덕도 없는 피조물을 만드셨을 리는 없다고 생각한다.

영화 〈장미의 이름〉에서 프란시스코 수사 윌리엄 역을 맡았던 숀 코네리의 대사다.

아무런 미덕도 없는 피조물이 없듯, 모든 건축에도 이유가 있다. 하나의 재료, 한 평의 공간, 한 걸음을 위한 동선에도 건축가에게는 의미와 이유가 있다. 사람을 위한 배려, 그리고 그 안에서 쓰일 잇스토리에 대한 상상. 건축과 사람의 삶의 '시퀀스', 그것 말이다.

용(用)·체(體)·미(美)

누군가 내게 '좋은 건축이 무엇이냐'고 묻는다면 이렇게 답할 것이다. 필요(用)에 맞도록 몸체(體)를 아름답게(美) 구현한 건물.

'용(用)'은 필요다. 인간은 본능적으로 자신에게 무엇이 필요한지 안다. 원시인들도 추위와 더위, 눈과 비를 피할 동굴로 들어가 지냈다. 안전이 보장되면 예술도 생겨난다. 알타미라 동굴의 벽화가 이를 증명한다. 예술을 향유하게 된 인간은 더 쾌적하고 안락한 공간을 원하게 되었고, 동굴에서 나와 인위적인 공간을 만들기 시작했다. 건축은 그렇게 인류의 생성과 거의 동시에 출발하여 지금까지 발전을 거듭하며 인간의 필요를 채우고 있다.

그럼에도 불구하고 건축에 종사하는 사람들의 형편이 나아지지 않는 것은 참으로 애석하다. 설계의 경우에도 10년 전이나 지금이나 거의 변화가 없다. 건축주는 항상 가장 적은 예산을 제시하는 업체를 채택하기 마련이니까. 그러나 건축주의 필요를 맞추는 것도 건축가의 실력이다. 건축은 사용자의 필요에서 시작해 사용자의 필요를 충족시킴으로 마침표를 찍는 일이기 때문이다.

'체(體)'는 몸이다. 공간의 필요를 모조리 모아 놓으면 덩어리, 곧 몸이 된다. 건축주는 방의 개수나 필요한 공간에 대해서는 말할 수 있어도 그 면적이 얼마나 되는지는 알지 못한다. 이렇게 사용자가 원하는 공간을 마구 쌓는 것, 그것이 '체'다. 건축가는 그들의 필요를 듣고 면적을 구성한다.

마지막 요소 '미(美)'에서 건축가의 능력이 가장 많이 드러난다. 사용자의 필요를 채울 공간을 아름답게 구현하는 것은 온전히 건축가의 몫이다. 무너지지 않게 안전하게 지으면서도 어떻게 공간을 아름답게 구성할 것인가. 몸의 비율과 신체의 조화가 사람의 아름다움을 가늠하는 요소이듯 건축의 아름다움도 비율과 조화에서 온다. 이 비율과 조화는 치밀한 계산을 전제로 한다.

건축과에 입학해서 가장 하기 싫었던 공부가 공업 수학과 물리였다. 고등학교 때까지만 하면 될 줄 알았던 수학과 물리를 대학에 와서도 공부해야 한다니! 싫어한 만큼 성적도 좋지 않았다. 하지만 결국 재시험과 계절학기를 거쳐 F 학점을 A로 바꾸었다. 그러는 동안 나는 악바리가 되어 있었다. 이후 '구조역학'이라는 과목이 또 한 번 나를 괴롭혔지만, 다시 이를 악물었다. 착실함을 장착하지 못한다면 인생이 끝날 것만 같았다. 그 두려움은 건축의 기초 학문인 숫자를 다루는 능력을 갖추게 했다. 공부라는 체(體)를 내 인생에 아름답게(美) 재배치한 것이다.

용체미를 충족한 건물은 사람의 정서를 윤택하게 만들어 준다. 좋은 건축은 사람을 불러들이고 인간에게 행복감을 선사하기 때문이다. 그래서 건축물은 무생물이지만 인간과 함께 숨을 쉬고 늙어 간다. 어쩌면 건축은 사람이 사람에게 선사하는 작은 우주일지도 모른다.

5장

도시의 아름다움을 위하여

건축물은 그저 인간의 필요만 채우는, 기능에 충실한 물체가 아니다. 나는 건축이 삭막한 도심에 핀 거대한 꽃 한 송이가 될 수 있다고 믿는다. 그 자체로 아름다운.

_〈의미를 심다〉 중에서

욕망의 도시에 서서

렉스타워

대지 위치 서울시 강남구 논현동 1-3, 4
대지 면적 698, 60m² **용도** 업무시설, 근린 생활 시설 **연면적** 7,414.36m²
규모 지하 4층, 지상 17층 **설계** 2012년 **준공** 2014년
*렉스타워 2차 기준

건축학도가 되었을 때 나는 건물을 어떤 태도로 대했던가. 모르긴 몰라도 지금보다는 순수했을 것이다. 그러나 점차 나이가 들고 책임이라는 단어가 삶을 짓누르기 시작하면서 순수했던 나의 건축에 관한 생각들도 조금씩 계량화되었다. 그렇다고 해서 건축을 숫자로만 대했던 시절이 길었다고는 생각하지 않는다.

나는 숫자에 밝고 상황 판단이 빠른 편이지만 나의 내면에는 산골 소년의 맑음이 숨 쉬고 있다. 도시의 탁한 공기가 내 안에 들어차면 잠들어 있던 소년이 깨어나 저벅저벅

마음의 중심으로 들어온다. 그 소년은 새벽녘 정화수를 떠 놓고 기도하던 어머니, 호탕하게 웃던 아버지의 얼굴, 물리와 수학 공부에 매진하던 과거의 내 곁으로 나를 이끈다. 생각해 보면 산골 소년의 가슴에 떨어진 '건축'이라는 씨앗이 아름드리나무로 성장한 것은 기적이다.

내가 건축을 숫자로만 대했다면 지금까지 건축이 나의 즐거움이 될 수 있었을까? 경제적 풍요로움이 직업 활동을 지속할 수 있게 하는 원동력이 되는 것은 분명하다. 그러나 건축이 어느 정도 창조와 예술의 영역에도 발을 담그고 있기 때문에 지금까지도 보람과 즐거움을 느끼면서 계속해 나갈 수 있는 듯하다.

도시 이야기

구약 성경에 등장하는 '카인(Cain)'은 성경에서 '최초'라는 수식어를 여러 번 거머쥔 인물이다. 그는 자신의 동생 아벨(Abel)을 들판에서 쳐 죽인 인류 '최초'의 살인자다. 또 신으로부터 '최초'로 인(印)을 받은 사람이다. 이후 카인은 부모를 떠나 '도시'를 세운다. 그렇다. 성경에 의하면 카인은 인류 최초의 도시를 건설한 사람이다.

도시는 도망자가 자신의 안위를 위해 만든 자신만의

도피성이었다. 그래서 도시의 이면에는 열등감이 도사리고 있다. 친동생을 죽이고, 본인의 목숨을 지키기 위해 신으로부터 인까지 받고 집을 떠나야 했던 자, 카인. 그는 그렇게 살인자라는 수치심을 뺌어 나가는 도시에서 지워나갔을지도 모르겠다. 성경의 이야기대로라면, 도시의 확장은 인간의 수치심과 비례한다. 화려함 속에 수치를 감추고자 하는 본능, 동시에 그 화려함을 내세워 자신이 건재함을 증명하고자 하는 욕망. 도시는 인정 욕구와 열등감이 뒤섞인 공간인지도 모르겠다.

성장한 도시에서 부를 드러낼 수 있는 것은 바로 건축물이다. 그래서 세계 각국은 앞다투어 높은 빌딩들을 건설한다. 건설이란 그 나라의 기술력을 평가하는 바로미터다. 건축이 모든 기술의 총체라는 사실은 상식에 가깝다. 세계에서 가장 높은 건물들의 이름이 계속 갱신되는 이유도 여기에 있다.

건축가는 이러한 욕망의 도시에서 어떠한 건물을 설계하고 세워야 할까. 사람마다 다르겠지만, 건축주의 필요를 채우고, 사람을 배려한 동선을 만들고, 빛과 창문과 목재를 활용해 최대한 따뜻한 느낌을 주는 것이 나의 건축에 대한 사명이다. 이것이 팽창과 과시를 덕목으로 하는 도시 건축에서 서인건축만의 정체성을 갖게 했다고 생각한다.

쓸쓸한 너의 아파트

도시에는 수없이 많은 아파트가 있다. 건축이 예술이라는 문장의 반증으로 제시해도 될 만큼 대체로 지루한 형태다. '닭장 같은 아파트'라는 폄훼의 표현도 있지 않은가. 그러나 사실 아파트는 필요를 채우는 데 충실한 건물이다.

건축가들은 아파트에서의 삶을 다소 부정적으로 생각한다. 획일주의 때문이다. 똑같이 생긴 아파트가 반복적으로 서 있는 환경은 사람으로 하여금 다양성을 깨닫지 못하게 한다. 하지만 우리나라 사람들은 대개 넓고 따뜻하며 디럭스(Deluxe)한 공간이면 만족한다. 공간에 대한 이러한 이해가 우리나라를 아파트 공화국으로 만들었을까? 짧은 시간 내에 많은 사람들의 주택에 대한 수요를 만족시켜야만 했던 시대적 요구 때문이었을까? 이유는 다양하게 설명할 수 있겠지만, 분명한 것은 우리나라의 주택 대부분이 아파트인 점은 거주자들에게 손해라는 사실이다. 여기에서 말하는 손해란, 정서적인 부분에서의 손해다.

아파트가 제아무리 창의적으로 설계된다 한들, 그 정형성에서 벗어나기가 쉽지 않다. 모든 포유류가 사람이 될 수 없듯이 아파트만이 지니고 있는 건축적 특성을 만족시켜야 그 유형이 획득한 이름값을 가질 수 있다. 숲세권에 세워진 아파트나, 아파트 단지 자체를 공원화시킴으로 도시의 상징인 아파트에 대한 정서를 다소 부드럽게 하는 시도들이 일어나고 있으나 기본적인 아파트의 건축적 요소는 변화되지 않는다. 그 때문에 아파트에서는 전통 가옥이나 주택에서 누릴 수 있는 '공간의 구속과 해방'의 정서를 만끽할 수 없다. 문 하나로 통제되는 구속만 존재할 뿐이다. 일생 동안 아파트를 서너 번 옮겨 다니다가 생을 마감한다고 생각하니 서글프다. '쓸쓸한 너의 아파트'라는 가사가 담긴 어느 가수의 노래가 떠오른다. 쓸쓸한 집도, 마당도 아닌 아파트. 아파트에는 비정한 아우라가 존재하는 듯하다.

상가 이야기

상가는 일상생활을 하는 데 필요한 물품을 한곳에서 구하기 쉽게 상점을 모아 둔, 기능적인 건축이다. 상가는 사용성에서도 특이한 정체성을 갖는다. 건축주가 불특정 다수에게 임대를 하고, 불특정 다수가 편리하게 드나드는 공간의 공간이자 사적인 공간이라는 점에서 그러하다. 또 상가는 도로변에 주로 위치한다는 특징도 있다. 불특정 다수를 위한 공간이기도 하니 공공의 장소인 대로변에 위치하는 건 당연한 이치다.

상가의 특성 중 또 하나는 치열한 각개전투의 장이라

는 점이다. 공공의 공간이지만 사적인 공간이기도 한 상가는 철저히 객체들이 이룬 공동체다. 그래서 각 객체는 한 덩어리인 상가 안에서 웃고 있는 듯 보이지만 서로를 견제한다. 그나마 대로변 쪽 창가에 위치한 객체라면 노출이 가능하나 그렇지 않은 경우는 오직 실력이나 홍보에 의존해야 할 가능성이 높다. 그러니까 상가는 자본주의의 가치를 가장 잘 실천하는 건축물이라고 할 수 있다. 이 지점에서 건축가의 고민이 시작된다.

'어떻게 하면 대부분의 객체가 한눈에 들어오는 상가를 설계할 수 있을 것인가. 어떤 창의적인 접근으로 드라마틱한 공간의 상가를 설계할 수 있을 것인가.'

하지만 렉스타워 1, 2차는 우리나라의 상가 건물 건축의 보편성을 따라 설계되었다. 나처럼 우리나라의 건축 붐의 시기를 탄 건축가들이라면 이러한 아쉬움에 공감할 것이다. 당시는 창의적이고 조형적인 건물을 건축할 수 있는 시대가 아니었다. 그래서였을까? 건축에 비유와 상징을 대입한 것은 나만의 해소 방법이었는지도 모르겠다. 각 건물이 추구하는 보편성에서 크게 벗어나지 않되, 사유의 힘을 불어넣어 나의 창의성에 부응하도록!

렉스타워 1차는 나의 창의성과 사유의 힘이 듬뿍 반영된 건축물이다. 렉스타워 1차의 위치는 현재 렉스타워 2차의 위치와 같다. 1차 건물을 허물고 그 자리에 2차를 지

렉스타워 1차

었다는 것. 그래서 1차와 2차의 차이인 '낡음'을 목격할 수 없다. 그것이 렉스타워의 재미있는 히스토리다.

나는 당시 성장하던 강남 도시 경관의 정체성을 고민하고 있었다. 도시 계획을 일종의 부위별 나눔이라 생각했다. 우리가 소나 돼지를 잡아먹을 때 부위별로 목살, 등심, 꼬리로 구분하듯 땅도 도시 계획가에게 소위 잡혀서 요리되는 것과 똑같다고 생각했다.

코너에 자리한 렉스타워의 부지도 도시 계획이라는 말에 부합이라도 하듯 인위적인 사각형이었다. 그리고 바로 옆에는 횡단보도가 있었는데, 많은 사람이 지하도의 계단보다는 이 횡단보도를 이용했다. 횡단보도 앞에 서서 신호를 기다리는 사람들도 렉스타워를 등지거나 저쪽 편에서 바라보게 된다. 나는 그 위치가 건축 작품이 들어서기 아주 좋은 곳이라고 생각했다. 삭막한 이 도시의 사람들이, 멍하니 신호등 뒤의 건물을 바라보면서 잠시나마 상상을 하거나 들어가 보고 싶다는 생각을 할 수 있기를 바랐다.

생각 끝에 신라의 건축물인 첨성대의 형태를 차용하기로 했다. 우리나라의 수많은 건축물 중에 첨성대를 택한 이유는 간단하다. 첨성대는 우리나라의 건축 기술을 대표하는 건축물이며, 도심에 전통의 미를 불어넣을 수 있을 것 같았다. 또한 위에는 떡시루를 연상시키는 형태를 얹었다. 떡시루는 옥상 마당을 만들기 위해 본체와의 간격을 두기 위한 장치였다. 떡시루 역시 우리의 정서에 굉장히 익숙한 것이기에 차용했다.

렉스타워 2차

렉스타워 2차의 설계는 자연스럽게 서인건축이 맡게 되었다. 1차를 통해 서인건축의 실력을 검증받았기 때문이라고 하기에는 공치사를 하는 것 같아 '사람들이 실망하지 않았기 때문'이라는 말로 대신하고 싶다.

렉스타워 2차는 건축 법규가 바뀐 후 시작되었다. 그 주변이 노선 상업 지역[1]으로 지정되면서 용적률이 배로 늘게 되었다. 주거 지역이 상업 지역으로 바뀌면 최소 600%로 용적률이 늘어 1차에 비해 2배가 넘는 건축을 할 수 있게 된다. 그래서 1차 건물은 자연스럽게 부수게 되었다. 렉스타워 2차의 주안점은 건축주의 강력한 요구를 충족시키는 것이었다. 건축주의 요구에 충실하려면 건축가의 창의적 사유는 방해가 된다. 반면 사유의 과정이 그만큼 줄어들기에 정신적으론 다소 자유로울 수 있다.

---

1 노선 상업 지역(路線商業地域)은 도로의 가장자리에 일정한 넓이의 띠 모양으로 되어 있는 상업 지역을 의미한다.

건축주는 석조로 된 클래식한 분위기의 건물을 원했다. 그러나 건축주의 요구는 미관 지구[2]이자 노선상업 지역 거리로 지정된 대지의 심의 조건과 정면으로 충돌했다. 건축주는 석조 건물을 원했지만, 심의 조건은 건물의 외관을 유리로 하는 것이었다. 심의 기준을 건축주에게 알렸다. 그의 반응은 확고했다.

"나는 절대로 유리로는 짓지 않을 것입니다."

나는 과거에 불가능을 가능하게 한 일들을 자신감 삼아 건축주와 진솔하고 솔직한 대화를 시도했다.

"왜 꼭 석조 건물이어야만 합니까?"

"유리는 안정감이 없고 임시 건물 같은 느낌이 듭니다. 석조는 상당 시간이 지나도 질리지 않습니다."

건축주의 요구는 확고했다. 그래서 이번에는 심의 위원과의 대화를 시도했다. 건축주의 요구와 확신에 대해 가감 없이 설명하고 설득했다. 진솔한 태도 때문이었을까, 운이 좋았던 걸까. 마침 심의 위원 중에 유리 건물을 무척이나 싫어하는 이가 있었다. 그는 유리로 된 외관은 열 손실이 많이 일어난다며 내 편을 들었다. 결국 렉스타워 2차는 클래식한 분위기의 석조 건물로 완성되었다.

---

2 미관 지구는 도시의 미관을 보호하고 형성하기 위해 지정하는 도시 관리 계획으로 결정하는 용도 지구 중 하나다.

비유나 상징의 언어는 사용되지 않았지만 플라잉 버트레스[3], 포인티드 아치[4], 장미창[5] 등 서구 고딕 성당의 어휘를 좀 더 적극적으로 활용하여 고전적인 건축 언어를 완성할 수 있었다.

렉스타워 2차의 주변 건물은 심의 기준에 따라 유리로 된 건물이 대부분이다. 유리로 된 건물 사이에 석재로 된 건물 하나. 상대적으로나 재료의 특성으로나 견고하고 안정되어 보인다. 강인한 분위기 때문일까. 준공과 동시에 거의 모든 층의 임대가 이루어졌다. 1층에는 도심에서 가장 상업적인 곳에 들어온다는 프랜차이즈 커피 전문점이 입점해 사람을 끌었다. 나머지 층에는 1차 때 유명한 성형외과가 입점했던 덕분인지 병원들이 주로 들어왔다.

지금은 허물어진 렉스타워 1차와 지금의 2차 모두 강남의 정체성에 대한 고민을 나만의 접근으로 잘 풀어낸 결과물이라고 생각한다. 과거에도 그랬듯, 앞으로도 렉스타워는 그 거리를 거니는 사람들과 함께 숨 쉬며 도시를 빛낼 것이다.

---

3 버트레스(Buttress)는 벽을 지탱하여 주는 외부 구조물 중 하나다. 기능적은 측면은 물론 장식의 효과도 있어 고딕 건축에서 많이 볼 수 있다.

4 포인티드 아치(Pointed Arch)는 꼭대기가 뾰족한 아치를 말한다. 고딕 건축의 중요한 특징 중 하나다.

5 장미창(Rose Window)는 꽃잎형의 장식 격자(Tracery)에 스테인드 글라스를 끼워 넣은 원형의 창으로, 고딕 건축에서는 특히 크고 화려한 것이 사용되었다.

창천교회

잘 제출한 숙제 하나

창천교회

대지 위치 서울시 서대문구 창천동 47-2
대지 면적 2,360.37㎡ **용도** 종교 시설 **연면적** 3,895.5㎡
규모 지하 2층, 지상 4층 **설계** 1988년 **준공** 1994년

소망교회를 필두로 나는 교회 건물 설계를 많이 했다. 150여 곳의 교회를 설계했으니 어떤 이들은 나를 교회 건축 전문가라고 평하기도 한다. 그래서 혹자는 나의 건축 세계를 신앙관을 통해 이해하려고 한다. 어떤 기가 막힌 간증이 있을 거라고 추측하기도 한다. 물론 어려운 일을 만나면 신앙 혹은 신비로운 '은혜'로 그 순간을 극복하기도 한다.

그러나 건축가는 신앙으로 일을 하는 사람이 아니다. 신앙적인 어떤 신비로움을 말하기 전에 건축가는 의사, 변호사처럼 전문직에 종사하는 사람이다. 따라서 실력을 바탕으

로 구조(안전), 기능(편리), 미(아름다움) 등 삼박자를 고루 갖춘 건강하고 매력 있는 건축을 만드는 것이 기본이다.

신 앞에서 겸손한 신앙인이라면 자신에게 '부르심의 소명'으로 주신 직업을 등한시하고 종교적 활동에만 매진하지 않을 것이다. 끊임없이 공부하고 연구하여 프로페셔널한 직업인이 되는 것이, 또 최선을 다해 '후회 없는' 결과를 내는 것이 건축가로서의 삶을 영위할 수 있게 한 존재를 존중하는 일이 될 것이다.

그렇다면 후회 없는 결과란 무언가? 건축가로서의 사명, 그리고 신앙인으로서의 양심에 거리낌이 없이 구조, 기능, 아름다움을 갖춘 건물을 완성하는 것이다.

건축가는 어떤 대지에 어떤 건물을 짓더라도 튼튼하게, 그리고 춥거나 덥지 않으면서도 시간이 지나도 질리지 않는 아름다운 건물을 설계할 수 있어야 한다. 그리고 신앙은 거기에 부가되는 요소다. 즉 신앙인이라서 건축가인 것이 아니고, 신앙인이자 건축가인 것이다.

교회의 형태

역사적으로 되돌아보면 교회 건물, 목사의 사택, 교육관이 따로 존재했다. 마치 사찰의 구조가 대웅전과 요사채,

선방이 따로 존재하는 것처럼 말이다. 그러나 땅값이 부지기수로 상승하면서 교회 건축의 형태도 변화를 겪었다. 그 중 상가 교회는 우리나라에서만 볼 수 있는 꽤 독특한 교회의 생존 방식이다.

대개 종교들은 독립된 건물에서 모이고 흩어진다. 상가에 세를 들어서 모이는 종교는 개신교가 유일하다. 짧은 시간에 이룬 폭발적인 성장, 그리고 천정부지로 오르는 땅값 등의 이유가 상가 교회를 형성했다.

또 하나의 교회 건물 형태는 단독 건물에서 모이고 흩어지되 성당처럼 전통적인 종교 건물의 형태를 버리고 빌딩화 된 교회다. 나는 이런 교회를 '햄버거 교회'라고 부른다. 이러한 교회는 예배당, 사무실, 사택, 식당, 세미나실, 강당 등 교회에서 필요로 하는 공간들을 한 건물에 포함시켜 십자가만 떼면 외관상으로는 교회라는 것을 알 수 없게 되었다. 하지만 어찌 보면 햄버거 교회 건물도 사용자의 필요에 적극적으로 부응한 기능적 건물이라 할 수 있다. 요즘은 쇼핑센터인지 백화점인지 커뮤니티센터인지 알 수 없는 교회 건물들이 많다.

혼합된 기능을 한 건물에 포함시키다 보니 편리한 면은 있지만, 교회라는 정체성이 약해지는 문제가 생긴다. 따라서 건축가는 햄버거 교회라고 해도 외관상으로 교회라는 것을 알 수 있게 하는 건물로 설계해야 한다. 건물에 정체성을 입혀 주는 것도 건축가의 몫이기 때문이다.

만약 비용이나 어떤 제반 문제로 인해 교회 건물 외관을 디자인할 수 없다면 예배당만이라도 종교성을 갖춘 공간으로 설계해야 한다고 나는 생각한다.

예배당은 한 생명이 갈급한 영혼을 안고 들어서는 공간이다. 조금 냉정하게 이야기하자면, 교회 건물에서 예배당을 제외한 공간은 세속적인 공간이다. 먹고 마시고 대화하고 교육하는 공간들이 그러하다. 신과의 조우를 경험하는 공간은 엄밀히 예배당뿐이다.

그런데 요즘 교회 예배당들은 강당처럼 변해 가고 있다. 종교 예식의 일부가 스크린을 통해 영상으로 대체되고 있기 때문일 테다. 엄숙하고 위로받아야 할 예배 공간이 강당화되어 가면서 예배 공간의 참모습과는 멀어져 가고 있다는 생각이 든다.

내가 가장 바람직하게 생각하는 예배당은 빛이 들어차 있는 공간이다. 예배당 문을 열었을 때, 십자가가 있는 강대 부분에 항상 빛이 있어야 한다고 생각한다. 성경에서 하나님은 자신을 '빛'이라고 소개한다. 창조의 첫날, 빛과 어둠을 나눈 까닭이 '존재함'에 대한 시각적 교육일 수 있다고 생각한다. 그렇다면 빛으로 존재하는 영적 존재와 조우하는 장소인 예배당에 빛이 있는 것은 당연한 이치가 아닐까.

창천교회 외관

이것이 가장 잘 구현된 설계는 '모새골성서연구소'[1]다. 모새골의 예배당은 위와 아래, 옆면 등을 통해 사방에서 빛이 유입되는 아름답고 따스한 공간이다. 그저 아름답기만 한 것이 아니라 정면 십자가에서 새어 나오는 빛은 종교적 신비감을 자아낸다. 문을 열자마자 눈에 들어오는 빛을 입은 십자가는, 예배당 문을 열고 들어오기까지 수많은 생각을 했을 상처 입거나 고뇌를 지고 온 어느 신도에게는 마음에 한 줄기 희망의 빛이 되어 줄 수 있을 것이다. 그러나 오늘날 대부분의 교회 예배당은 현실적인 문제로 전등을 켜야만 비로소 빛을 만난다. 신성한 느낌보다 차갑고 인공적인 느낌이 강하다. 예배당이라기보다는 강당이나 강의실 같은 곳, 거기가 대부분의 현대 예배당이다.

신촌에 위치한 창천교회는 한국 교회가 소위 부흥의 가도 위에 있을 때 설계한 작품이다. 당시 한국 교회의 의제는 '문화 선교'였다. 창천교회는 근처 명문대 학생들을 중심으로 영화를 상영하고 기독교음악 콘서트 등을 진행하며 청소년과 청년들의 부흥을 견인했다.

창천교회가 이처럼 한국 교회 내에서 문화 선교에 있어 선도적인 역할을 할 수 있었던 까닭은 건축주의 기획 덕분이다.

---

1 p.15 참고.

창천교회 외벽

고딕이라는 양식

창천교회는 건축주의 요구가 강하게 반영된 건축물이다. 건축주는 교회의 본당을 예배당과 문화 공간 두 가지로 사용하기를 원했다. 예배당으로서의 필요를 채우는 동시에 영화를 상영할 수 있는 스크린을 설치할 수 있는 내벽, 콘서트 등을 진행할 수 있는 넓은 무대를 가진 설계가 필요했다. 건축적으로는 다소 애매한 중간계의 공간을 연출할 수밖에 없었다는 아쉬움이 남는다. 빛의 유입을 활용한 신적 존재의 현현을 상징하는 설계를 성취할 수 없었다는 것도 다소 아쉬운 부분이긴 하다.

그러나 공간의 기능적인 면에서는 여러 가지를 획득했다고 생각한다. 일주일에 한두 번만 사용하는 예배당의 비생산적 활용에 대한 비판에 대한 답을 꽤 일찌감치 제시했다고 본다. 청소년과 대학생들이 창천교회의 문화 선교에 열광한 이유도 어느 정도는 여기에 있다고 생각한다. 원래 교회의 강대상 부분은 종교적 권위를 상징한다. 예배당 역시 그러하다. 평일에 예배당의 문을 열어 강대상을 무대로 활용하는 교회. 이것은 당시 파격이었다. 파격과 문화가 공존하고 종교적 권위를 내려놓은 교회에 학생들이 몰리는 건 어찌 보면 당연한 결과다.

흥미로운 것은 건축주가 교회의 외관을 전통적인 교

회의 스타일인 '고딕'으로 요구했다는 것이다. 그동안 현대적인 교회 설계를 쭉 해 왔기에 '고딕 스타일'이라는 건축주의 요구는 숙제 같았다. 숙제를 잘하려면 공부를 해야 한다. 또 충분히 몸에 익어야 응용도 가능하다. 그래서 어색하지 않은 고딕 스타일의 교회를 건축하기 위해 많은 공부를 했다. 이때의 공부는 후에 렉스타워 2차를 건축하는 데 있어 많은 도움이 되었다.

고딕 건축이란 단어를 떠올리면 중세 시대가 자동으로 연상된다. 중세 시대는 종교의 권위가 가장 높았던 시기이자 암흑의 시대라고도 불린다. 그래서 쾰른 대성당과 같은 고딕 양식의 건축을 보면 아름답고 신비하며 고혹적이라는 감정과 동시에 고압적인 느낌도 든다. 그런 양식을 대학가이자 상업지구에 세운다면 도시 디자인에 있어 이질적 요소가 될 수 있다. 그래서 대학가인 신촌의 독특한 경관과 분위기에 어울리는 고딕 건물을 건축하는 것에 중점을 둘 수밖에 없었다.

숙제를 잘 끝내기 위해서는 먼저 '이질적'이고 '낯선' 양식이 되지 않도록 해야 했다. 건축주의 요구에 의해 형식을 수정할 수 없으니 내용을 친숙한 것으로 대체해야 했다. 재료의 친숙함이 낯설고 동떨어져 보이는 느낌을 상쇄할 수 있을 것이라고 판단했다. 그래서 창천교회의 외벽은 붉은 벽돌로 되어 있다. 붉은 벽돌은 당시 주택이나 교회 건물

건축에 있어 빈번하게 사용되는 재료였다. 이 판단은 지금도 나쁘지 않았다고 생각한다. 창천교회의 붉은 벽돌은 주변 경관에 비해 크게 튀지 않는다. 그리고 이제는 그 자체로 그 거리의 헤리티지가 되어 과거와 현재를 잇고, 또 미래를 향해 오늘의 자리를 지키고 있다.

다음은 고딕이라는 건축주의 요구에 응답해야 했다. 이것은 의외로 간단했다. 요소마다 고딕의 건축 어휘를 배치하면 되었다. 외벽의 주재료는 붉은 벽돌이지만 요소마다 고딕의 재료인 석재를 사용했다. 그리고 장미창, 플라잉 버트레스, 첨탑, 아치라는 고딕 건축 양식의 필수 요소들을 배치하여 고딕이 추구하는 건축 어휘들을 구현하였다. 신과 조금 더 가까워지고자 했던 중세 시대 사람들의 바람을 담은 쭉 뻗은 직선의 사용도 놓치지 않았다.

여기서 한 가지 더. 교회의 입구는 석재를 사용한 아치로 설계하였다. 곡선을 사용한 것이다. 멀리서 보았을 때 하늘로 쭉 뻗은 직선의 고딕 건축은 고압적으로 느껴질 수 있다. 그러나 가까이 올수록 부드러운 아치형 입구가 포근한 분위기를 자아낸다. 멀리서 보면 고딕의 교회 그 자체지만 가까이에서는 친근함과 포근함을 느낄 수 있다. 그렇게 신도들은 주일에는 예배를 통해, 평일에는 문화를 통해 일상을 영위할 힘을 얻게 되었다.

건축주의 강력한 요구였던 고딕이라는 숙제는 비교적

만족스러운 결과물이 되었다. 생각해 보면 건축주는 대단한 전략가였던 듯하다. 고딕 양식을 차용하여 외적으로는 교회로서의 권위를 지키고, 내부 공간의 활용으로 종교적 권위는 내려놓음으로써 어느 것 하나 놓치지 않았으니 말이다.

OUT
주차장입구

의미를 심다

서울재활병원 주차장

대지 위치 서울특별시 은평구 구산동 191-1호 외 2필지(구산동 177-90, 역촌동 201-5)
대지 면적 15,257.00m² **용도** 사회 복지 시설 **연면적** 2,835.01m²
규모 지상 3층 **설계** 2014년 **준공** 2015년

'왜 우리에게?'

설계 의뢰가 들어왔을 때 처음 들었던 생각이다. 하지만 이 질문에 대한 답을 찾기 위해 골몰하지 않았다. 오히려 유형에 한정하지 않는 실무를 한다는 점에서 새로운 도전이라고 생각하자 마음속에 의문보다는 '흥미'가 가득 차기 시작했다. 서인건축이 새로운 유형의 설계인 '주차장'에 도전할 기회를 얻었기 때문이었다. 또한 그 건축에 어떤 의미를 부여할 수 있을 것 같은 생각 때문이기도 했다.

이 주차장은 은평구 은평 천사원에서 건축을 의뢰한

것이지만 재활 병원 바로 옆에 위치해 '재활 병원 주차장'이라는 닉네임을 갖게 되었다. 은평 천사원은 필요에 의해 계속 증축이 되면서 난잡한 건물들이 들어서 있었고, 시설들이 늘어나다 보니 주차대수의 필요에 의해 주차장을 건축하게 된 것이다.

건축을 위해 현장을 방문했을 때 주변은 다소 난잡해 보였다. 이 다소 복잡하고 어수선한 공간에 들어설 주차장은 종종 재활 병원을 찾는 환자들도 사용해야 했고, 부모를 잃은 아이들이 생활하는 천사원에서 의뢰한 건축이라는 점 때문에 어떤 의미를 부여하고 싶었다. 또한 난잡한 도심에 건축적 아름다움도 선사하고 싶었다.

주차장이라고 하면 그저 이삼 층 높이의 철골 건축물일 뿐, 눈에 띄게 괜찮은 주차장도 별로 없다. 그래서 몸과 마음이 아픈 이들도 사용할 이 주차장을 뻔한 공간으로 설계하고 싶지 않았다. 난잡하고 아픈 곳에 아름다움과 스토리를 심고 싶었다.

아름다움은 노출 콘크리트와 아치형 외관으로 성취하였다. 평이하지 않은 유형인 아치형 주차장은 인근 지역 주민들은 물론이거니와 구청장에게도 환영받았다. 준공식에 구청장이 참석한 것은 고무적인 일이었다. 주차장의 외부가 기존의 주차장과 다르다고 하여 내부 기능에서도 어떠한 특이점이 있는 건 아니다. '차들이 편안하게 진입하고

재활 병원 주차장 외벽

진출하는 것'이라는 주차장의 전통적인 내부 기능에 충실했다. 내부 기능에서 좋은 평가를 받은 부분이 있다면, 앞쪽 도로가 뒤의 면하고 레벨 차이가 있었는데 이를 이용하여 차에서 내린 사람들이 자신들이 목적하는 장소로 빠르게 진입할 수 있도록 설계한 것이다.

부제 'A360'

사실 서울재활병원 프로젝트에는 또 다른 제목이 있다. 바로 'A360'이다. A에는 'Arch'와 'Acts'의 의미가 담겨 있다. 전자는 말 그대로 '아치'를 차용한 설계라는 점을, 후자는 사도행전(Acts) 3장 6절을 의미한다. 또한, 360에는 사도행전 3장 6절의 의미를 담은 동시에, 건강하지 않은 반쪽의 몸을 가진 사람들이 회복되어 온전한 상태가 된다는 의미도 담았다.

> 베드로가 이르되 은과 금은 내게 없거니와 내게 있는 이것을 네게 주노니 나사렛 예수 그리스도의 이름으로 일어나 걸으라 하고.
>
> –사도행전 3장 6절

건축이 아픈 도심에, 병과 외로움으로 힘겨워하는 이들에게 줄 수 있는 것은 아름답고 튼튼한 건물이다. 은과 금을 주는 대신에 예수 그리스도의 이름을 준 베드로처럼, 건축가는 건물을 통해 의미와 사유를 전달한다. 건축적 아름다움과 의미 심기를 동시에 실현한 것으로 '왜 우리에게?'라는 질문에 답을 제시했다고 생각한다. 더불어 '왜 서인에게?'라고 또 누군가 묻는다면, 건축이 사회와 인간에게 할 수 있는 그 어떠한 바를 이룩할 수 있기 때문이라고 답할 수 있을 것 같다.

건축물은 그저 인간의 필요만 채우는, 기능에 충실한 물체가 아니다. 나는 건축이 삭막한 도심에 핀 거대한 꽃 한 송이가 될 수 있다고 믿는다. 그 자체로 아름다운.

STAYB
아시아경제
아시아미디어타워

서울, 서울, 서울!

STAY B(충무로 호텔)

대지 위치 서울특별시 중구 충무로3가 30-1 외 11필지
대지 면적 481.65m² **용도** 관광 숙박 시설 **연면적** 3,388.69m²
규모 지하 2층, 지상 12층 **설계** 2012년 **준공** 2015년

'야경(夜景)'이란 단어를 보면 어떤 장면이 떠오르는가. 별이 쏟아지는 밤하늘? 슈퍼 문(Super Moon)의 강렬한 빛? 아마 뉴욕, 홍콩 등 화려한 밤거리를 떠올리는 사람이 제일 많을 것이다. 그렇다. '밤의 경치'라는 뜻을 가진 '야경', 이 단어와 가장 잘 어울리는 공간은 '도시'다.

나는 건축 여행, 가족 여행 등 여러 이유로 세계적인 도시를 많이 다녔다. 그래서 각 나라와 도시에 관한 다양한 정서가 내 안에 존재한다. 신기한 것은 각각의 풍경이 가진 원래의 다양함과는 별개로, 일정 시간이 흐르면 그 풍경들

은 '나만의 그곳'이 된다는 사실이다. 그 이유는 바로 그 장소에 나의 '잇스토리'가 생겼기 때문이다.

아름다운 도시, 서울

나의 잇스토리가 가장 많이 간직된 도시는 서울이다. 서울은 내가 가장 오랫동안 마주한, 가장 자주 거니는 도시다. 물론 도심 곳곳에 이제는 풍경의 일부가 된 서인의 건축물들도 있고.

타국으로 여행을 떠났을 때, 그 나라의 야경이 아름다워 보이는 까닭은 실제로 존재하는 아름다움에 낯선 환경이 선사하는 판타지가 포개어졌기 때문이다.

그런데 내가 세계의 여러 도시를 다녀본 결과, 서울의 야경은 그 어떤 도시의 그것에 뒤지지 않는다. 만약 당신이 그렇게 느끼지 못한다면 아마 익숙함 때문일 것이다. 개인적으로 한강 다리에서 바라보는 서울의 야경은 최소한 번잡한 홍콩의 밤보다는 아름답다고 생각한다.

가끔 밤에 운동하기 위해 집 앞 공원과 반포천을 거닐다가 문득 아름다움에 취할 때가 있다. 원래 익숙한 것에서 아름다움을 발견하는 것이 더 어려운 법인데, 그런데도 서울의 야경이 아직도 문득 아름답게 느껴지는 이유는 뭘까?

나는 실제로 서울이 아름답기 때문이라고 믿는다.

아직도 서울이 아름답다는 사실을 받아들일 수 없다면, 한 가지 방법이 있다. 익숙한 환경을 '낯설게' 하면 된다. 낯섦은 꼭 타국으로 여행을 가지 않아도 느낄 수 있다. 소위 '호캉스'만으로도 충분하다. 호캉스는 낯선 공간이 선사하는 판타지에 휴가라는 기대감이 더해져 사소한 것에도 마음을 줄 수 있다. 도심에 자리 잡고 있는 작은 호텔이면 서울의 야경을 누릴 수 있는 필요충분조건이 된다.

건축가와 건축주

"호텔이 제일 잘됐어요."

올해 초에 있었던 인터뷰에서 내가 한 대답이다. 정확하게 생각나진 않지만, 질문의 내용은 대략 이랬다. 40여 년의 서인건축을 있게 한 작품을 꼽는다면 무엇인가.

이 질문에 있어 나는 여기에 소개한 대부분의 건물들의 이름을 불렀다. 의정부영아원, 새문안교회, 소망교회, 소망선교관, 모새골성서연구원, 신촌성결교회, 더사랑의교회……. 그러면서 제일 마지막쯤에 던진 한마디가 바로 '호텔이 제일 잘됐다'였다.

바로 그 호텔의 이름은 '스테이비(STAY B)'다. 엄연히 고유명사로 존재하는 이름이 있음에도 불구하고 나는 버릇처럼 '충무로 호텔'이라고 부른다.

스테이비는 건축에서부터 내부 디테일까지 최선에 최고를 더한 작품이다. 건물의 외관과 견고함을 책임지는 시공에서부터 전체적인 분위기를 좌우하는 인테리어, 그리고 인테리어 중에서도 가구와 조명, 벽에 걸린 그림 등 오감을 자극하는 디테일한 부분도 놓치지 않았다. 각각의 오브제가 저마다의 아름다움과 분위기를 뽐내면서도 조화를 해치지 않는다.

이런 조화롭고 아름다운 공간, 곧 '잘된' 공간을 성취하기 위해서 필요한 것은 많지 않다. 건물을 계획하고 설계, 시공의 과정을 거쳐 완공하기까지의 과정에는 많은 변수가 존재하지만, 아름다운 설계와 견고한 시공이라는 건물의 외관이 그대로 내부로까지 이어져서 아름답고 잘된 건물이 되기 위해서 필요한 것은 간단하다. 좋은 재료로 만들어진 아름다운 오브제를 고를 수 있는 '안목'과, 그 안목을 성취할 수 있는 '자금력'이 그것이다. 이것은 건축가의 실력과 의지와 비례하지 않는, 온전히 건축주의 몫이다.

그런 면에서 건축은 정직하다. 음악회는 출연진이 개런티를 조금 덜 받더라도 최선을 다해 연주할 수 있다. 그러나 건축은 그렇지 않다. 건축의 전 과정을 지휘하는 건축가의 '안목'을 지지해 줄 건축주의 '자금력'이 없이는 완전한

STAY B 로비

시공을 할 수 없다. 그러므로 건축주와 건축가는 서류상으로는 갑과 을의 관계지만, 건축의 전 과정을 통해 보면 어떤 부분에서는 서로를 돕는 관계라 할 수 있다.

신촌성결교회는 나로 하여금 재료에 대한 공부를, 창천교회는 건축 양식에 대한 공부를 하게 했다. 이밖에 스쳐가는 서인의 모든 건물들, 그리고 비록 건축으로까지 이어지지는 못했지만 만났던 모든 건축주, 참여했던 모든 현상설계는 나의 한계와 위치를 깨닫게 해 주는 기회였던 것 같다. 그러고 보면 인생의 모든 순간은 비록 그것이 '기회'로만 그쳤다 하더라도 나의 일부가 되는 듯하다. 실패의 한 획도, 성공의 한 획도 기회와 만남으로부터 시작된다.

창(窓), 관계 맺기의 제스처

충무로 호텔의 건축주는 한마디로 '깐깐한' 사람이었다. 건축주는 1m 80cm 크기의 창문을 원했다. 그런데 실제 시공 과정에서 몇 cm가 부족하게 되었다. 결국 그것을 허물고 다시 하게 되었다. 전체 벽의 크기에 비례한 계산을 통해 1m 80cm에서 조금 못 미치는 창문을 뚫었건만 건축주는 그것을 이해해 주지 않았다. 이 과정에서 나는 적지 않은 마음고생을 했다. 그러나 인생에 있어 아주 작은 '한때'

였던 이 과정 역시 교훈으로 남았다. 아마도 이후 건축의 과정에서도 건축주의 심리적 성향을 파악하고 이해하는 데 도움이 되었으리라 믿는다.

호텔의 건축주는 핸드백을 만들어 수출하는 사람이었다. 핸드백은 작은 물건이라 수치가 정확해야 디자인한 대로 완성된다. 정확하지 않으면 어딘가 뒤틀리거나 견고한 가방이 될 수 없다. 이 건축주는 건축도 그러기를 원했던 것이었다. 나중에야 그 마음을 이해했다. 누군가에게는 사소한 것이 누군가에게는 전부일 수도 있다. 인생은 그렇게 각자에게 맞는 훈련과 사람들과 관계를 통해 완성된다.

호텔의 주요 기능은 먹고 자는 것이다. 조금 더 넓게 보면 호텔의 기능은 '관계 맺기'에 있다. 우선 호텔은 도시 혹은 지역과 관계를 맺는다. 또 허락된 대지와 경관에 어울리는 설계를 통해 지역 사회와 관계를 맺는다. 그리고 여러 이유로 호텔에 방문한 사람들은 호텔을 통해 낯선 환경과 관계를 맺는다. 낯선 도시, 낯선 환경 안에서 사용자가 찾아낸 요새가 바로 호텔인 것이다. 낯선 곳에서 나의 몸과 마음을 지켜 줄 요새 말이다. 이 요새에서 사용자는 호텔의 주요 기능인 먹고 자는 것을 누리며 낯선 환경이 선사하는 판타지를 소비한다.

누군가를 불러들여 관계를 맺게 하는 호텔은 반드시

'숙식'을 통해서만 이것을 수행하지는 않는다. 커피숍과 식당, 피트니스 클럽, 수영장 등 숙식 이외의 서비스로도 사람들을 불러들인다. 호텔의 규모에 따라 사람들을 불러들일 수 있는 요소들이 다를 수 있지만, 호텔은 이렇게 수많은 목적을 가진 사람들과 관계를 맺는다.

최근에는 '호캉스'를 즐기는 사람들을 불러들이고 있는데, 코로나 발생 이후 여행 관련 산업들이 '도심에서 즐기는 호캉스'를 주제로 새로운 활로를 개척하고 있다. 20세기의 호텔들이 숙식을 주 기능으로 삼았다면, 21세기의 호텔은 '휘게'의 공간이 되어 가고 있다. 그래서 깔끔한 침구와 가성비 높은 식사만으론 부족하다. 와인이나 바비큐를 제공하는 등의 이벤트 마케팅은 이제 필수다. 하지만 가장 중요한 것은 바로 아름다운 경관이다. 호텔의 창문을 통해 보이는 풍경이 아름답다면 여행이나 휴식의 만족도는 한층 높아진다.

스테이비는 호캉스라는 단어가 부상하기 전에 설계되었음에도 불구하고 도심의 야경을 한껏 누릴 수 있는 공간을 제공한다. 바로 '돌출된 창문'을 통해서다.

스테이비는 당초 '작은 필지에 작아 보이지 않는 건물을 올리는 것'이 목적이었다. 이를 위해 보행로에서 1층 로비로 들어가는 입구까지의 거리를 늘려 큰 호텔에 들어가

STAY B 객실

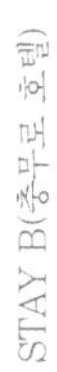

는 듯한 기분을 자아냈다. 그렇다고 해서 용적률을 최대치로 채운 건 아니다. 불필요한 공간이나 장식을 최소화하고 화려함보다는 다소 무덤덤하게 호텔로서의 정체성을 알리는 쪽을 택했다. 최소화한 장식으로 최대의 효과를 성취할 수 있었던 이유는 건축주의 안목 때문이었다. 원체 불규칙하고 작은 대지였기에 객실 역시 크게 설계되지 못했다. 이를 타계하기 위한 방법으로 '돌출된 창문'을 생각해 냈다.

이 아이디어는 언젠가 해외여행에서 얻었다. 자기 전, 동료가 자기 방으로 와서 맥주라도 한잔하자고 해서 그의 방으로 갔는데 의자가 부족했었다. 그 일이 떠오르면서 문득 내부에서 외부로 '돌출된 창문'을 만들면 좋겠다는 생각이 들었다.

'돌출된 창문'은 한 걸음 정도의 공간을 사용자에게 더 제공한다. 이 공간은 3명이 충분히 앉을 수 있을 만한, 혼자서는 발을 쭉 뻗을 수 있을 만큼의 크기다. 눕거나 앉아 휴식을 누리고 서울의 아름다운 야경을 바라볼 수 있는 공간인 것이다.

해외여행을 갔을 때 그 여행이 아름답고 애틋하게 기억되는 이유는 낯섦의 판타지 때문이라고 앞서 말한 바 있다. 돌출된 창문은 그 건축적 제스처만으로도 판타지를 자극한다. 명동 거리가 익숙한 사람이라고 할지라도, 호캉스를 즐기기 위해 찾아온 스테이비에서만큼은 새로운 기분을 느낄 수 있을 것이다.

> 이제는 관광 명소가 된 명동에서
> 창은 그 이상의 의미로 다가오지 않을까?
>
> -STAY B에 관한 메모 중에서

스테이비의 창문은 투숙객들에게는 서울의 야경을 한껏 누릴 수 있는 공간이 되었고, 나에게는 건축적 자부심 그 이상의 의미를 가져다주었다. 건축주와 심리적 관계를 맺는 시작점이었기 때문이다. '창'을 통해 나는 낯선 감정과 관계를 맺었고, 그 관계 안에서 나의 내면을 들여다보게 되었다. 그렇게 나는 또 한 뼘 더 성장한 것이다.

사유의 프리즘

'공간사, 그리고 김수근.' 건축학도라면 누구나 동경했던 조합이다. 물론 아름다운 건물로 유명한 공간사 사옥과 '우리나라 근대 건축의 아버지'로 불리는 김수근 선생에 관해서는 건축을 공부하지 않은 사람들도 잘 알고 있다.

김수근 선생을 가장 가까이에서 경험할 수 있는 곳은 대학로다. 젊음의 광장 내지는 문화의 거리로 굳건하게 입지를 다지고 있는 대학로는 김수근의 거리나 마찬가지다. 지금은 카페가 들어선 대학로 입구의 샘터 사옥을 시작으로 대학로 광장으로 들어서면 붉은 벽돌로 된 건물 두 채가 성곽처럼 서 있다. 아르코예술극장과 아르코미술관이 그것이다. 붉은 벽돌 건물이라는 통일성이 마로니에공원이라는 펼쳐진 공간을 아늑하고 친밀하게 만든다. 거리 공연이 없는 날에도 그곳에서 예술적 기운을 느낄 수 있는 것은 벽돌 건물이 뿜어내는 고혹미 때문일 것이다.

벽돌의 사용은 김수근 선생의 건축을 정의하는 하나의 표상과 같다. 김수근 선생은 우리나라 건축에서 벽돌의 시대를 열고 건축가로서 문화와 예술의 영역과 경계를 허물었다는 평가를 받는다. 많은 이들에게 김수근 선생은 전해 듣는 이야기나 기록으로만 접근 가능한 전설적인 인물이지만, 사실 나에게는 현실의 사람이다.

알바 알토가 나의 건축적 필요에 의해 발견된 스승이라면, 김수근 선생은 직장 내 스승이었다. 공간사는 나의 두 번째 직장이었고, 거기서 나는 밤낮 없이 일하며 그와 동고동락했다. 어떤 상황이었는지는 정확히 생각나지 않지만, 언젠가 그는 내게 이런 말을 했다.

"상상력, 관찰력, 판단력은 건축가의 필수 소양이다."

상상력, 관찰력, 판단력은 각각의 요소 같지만 알고 보면 하나다. 상상은 관찰과 사유를 통해 성장하고, 판단 역시 관찰을 통해 쌓아둔 자료를 근거로 삼기 때문이다. 결국, 건축가에게 필요한 것은 종합적인 '사유'라고 할 수 있겠다.

감사하게도 나는 상상력은 타고났다. 그리고 대학 공부를 비롯해 오랜 수련을 통해 건축가의 소양을 길러왔다. 돌이켜보면 알바 알토를 발견한 것도, 김수근 선생님을 지척에서 만날 수 있었던 것도 건축가를 천직으로 여기고 사는 나를 향한 격려이자 은총인 것 같다.

어스름한 새벽녘, 상상의 나래 끝에 집어 든 이미지 하나. 착상 혹은 영감이라 부르는 것들은 오랜 사유의 결과로 얻어진다.

상상력, 관찰력, 판단력이라는 '사유의 프리즘'을 통과하면 생물, 무생물 등 이 세상에 존재하는 모든 것은 건축의 재료가 될 수 있다.